景观之道

毛文正景观设计理念与实践

毛文正／著

LAND SCAPE

Idea and Practice Landscape Design

图书在版编目（CIP）数据

景观之道：毛文正景观设计理念与实践 / 毛文正 著. -- 福州：福建美术出版社, 2010.12

ISBN 978-7-5393-2475-3

Ⅰ. ①景… Ⅱ. ①毛… Ⅲ. ①景观－园林设计－作品集－中国－现代 Ⅳ. ①TU986.2

中国版本图书馆CIP数据核字(2011)第001061号

书　名 景观之道——毛文正景观设计理念与实践

发　行 海峡出版发行集团

福建美术出版社

地　址 福州市东水路76号出版中心16楼

印　刷 广州市金骏彩色印务有限公司

开　本 210mmX285mm

印　张 11

版　次 2011年3月第1版

印　次 2011年3月第1次印刷

书　号 ISBN 978-7-5393-2475-3

定　价 98.00元

- 设计作品获园景奖十三次、著作两部、发表论文十余篇。
- 1990-1991年赴澳大利亚从事现代景观的设计与研究；
- 1986-1987年进修于清华大学建筑系；
- 1982年毕业于苏州大学；
- 中国室内学会具有突出成就的资深室内建筑师；
- 中国建筑协会室内设计分会第八专业委员会副主任；
- 泛亚机构(中国·福州)设计总监；
- 高级园林工程师；
- 硕士生导师、福建师范大学设计系主任；

CAPE

Vpersonal Profile 个人简介

毛文正

Preface 序言

在我看来，毛文正先生的《景观之道》正是他人生之道的写照，认准目标坚忍不拔地往前走，终将有所作为走出一条自己的道路并为人称道，这是基于我与毛先生交往多年的感受。

显然上述感受是非学术或者非理性的，但我更愿意带着这样的感受来展阅毛先生的景观作品，作为中国改革开发后第一批从事室内设计的艺术师，他判断出社会对设计的高度需求，他毅然能继续自己在大学时期的专业基础上，重新学习，在清华大学，在澳大利亚，此举在80年代可算是他人生的另辟蹊径，多年的坚持不懈让他获得了中国室内协会颁发的“全国资深室内设计师”的殊荣，在我看来，这样的荣誉是对他选择人生道路的肯定。

近十几年来，中国经济驶入了高速发展的快车道，这是当代中国人图谋发展的大好机遇，也是当代文化人自主表达自我观念的开放的机遇，毛先生审时度势，从室内设计拓展到城市景观设计，再次探入当时较为陌生的设计领域，当代中国景观之道在于高速城市化进程中的自然之道和人文之道，这样的理念在他的作品之中日渐明确并不断获得认可，设计不再是纸上文章，那些已经实现的实实在在的景观充分彰显了他的理念之道。

在我看来，毛先生的艺术实践是中国当代艺术进程中可资参照的一个个案，在艺术的个体化与社会化之间，他选择了后者，成为一名艺术工程师而不是可资沽名钓誉的艺术家，而艺术工程师正是国家当代文化建设和物质创造所亟需的专业化人才。中国千年来“技”与“艺”的泾渭之分使得关于物质的艺术如建筑、家具、服装、陶瓷等未能获得长足大发展，或许略有例外的是中国古典园林，因艺术家和文人的持续参与而形成一个有变化创新的艺术载体。

当代景观的跨学科特征需要专业的艺术素质，需要理性甚至科学的系统精神，而对毛先生而言，人性的关怀更是景观设计的核心宗旨，历史往往成为走向未来的重要参照，近几年来，他开始怀旧了，他的设计中开始出现传统文化的元素，地方历史文脉也开始出现在设计中，中国传统古建的技艺不断得以应用。一块山间的顽石、一丛清池边的青草，一片土墙的斑驳，可能只是符号性的，但可触摸和体味，就他而言，当代景观可以成为一个城市新的记忆，但更愿意成为关于童年的记忆，我们的记忆丧失太多了。

记忆无法设计，记忆需要唤醒，深沉的人生体验为生性敏感的毛先生提供传递和呼唤记忆的从容与淡定，有时还是率真，他的创作因此而让我感动，权以此为序。

王鸿

2011年1月 时值杭州今冬第七场雪

02

展览·公园景观

Contents 目录

01 校园景观

03 家园景观

景观之道

LANDSCAPE

校园景观

CAMPUS LANDSCAPE

毛文正景观设计理念与实践

校园景观

福州大学

项目所属 / 福州大学基建处

完成时间 / 2007年8月

项目概况

福州大学旗山校区北部学科组群多为理工类专业教学及试验场所，使用频率高，建筑体积密度大，并以质朴方正的外形为主，因此在景观规划设计中着重强调空间造型与内容的“现代感”，以体现出一种时代创新精神。同时该设计还注重保留景观中的地域性特色，材质上多利用场地已有的水体、植物、山脉、木材，公共空间中的各个功能性板块如树荫广场、庭院活动空间、交流区域等的景观设计都秉承着这种兼具现代感与地域特色的原则，同时各个空间又各具特色，将校园文化的纯真浪漫、公共艺术的优雅诗意以及理工学科的细致严谨交织融入到整体景观中。

福州大学旗山新校区位于福建省福州市闽侯上街镇大学城的中北部，是大学城中的校园“旗舰”，同时还将成为福州市具有代表性的文化教育中心之一。设计师运用植物造景软化了建筑空间，并注重校园建筑与文化景观、自然景观的和谐统一，将校园建筑景观引领入一个“虽由人作，宛自天开”的传统园林造景臻境。

设计理念

1 整体规划

1.1 一条中轴 / 公寓楼中轴线是通过一条直线来连接的，在这条直线的两侧罗列着对称的建筑以及整齐的银杏树，而这种整齐肃一的氛围又被中轴线上的铺装面的色调和图案的错乱变化所打乱，这些由粗细、间隔不同的排列组合组成的图案传递出信息化社会的缤纷和多元，并且激活了整体景观，使之迸发出一种别样的活力。

1.2 四个广场 /（1）读书广场。读书广场是供阅读、交流、休憩的幽静去处，本案将广场、绿地、林荫、石椅、花草等景观元素加以巧妙地穿插组合，营造出一个吐纳有度的静心空间；同时在静谧的氛围中将绿地与砖石两块类体块加以交错，并在空间中穿插青石板材质的步道，使得幽静的广场氛围变得活跃而有层次感。（2）冥想广场。冥想广场用圆形来象征着大地，并设计成斜面缓坡旱喷，构成直线道路端点的对景，人走进这个空间中能够产生一种新奇而又舒缓的感觉。直线道路和广场的衔接处设计了一段叠

第五学科群整体鸟瞰图

水喷泉，结合灯柱的造型及两侧挺拔的银杏树，形成直线与冥想广场的良好过渡，有效的解决了地形的落差问题。(3) 青春广场。青春广场以块面与不锈钢立柱的有机结合以及石凳的线状排列构成一幅极具活力的画面，象征着莘莘学子的朝气蓬勃与积极向上。同时通过铺装面光滑与粗糙的强烈对比，强化了整个广场的点、线、面的构成空间，使得整个广场景观充斥着一种青春般的活力。(4) 交流广场。交流广场是该处学生户外活动的集散空间，本案采用植物的列植和廊架的架设，使之构成东西道路视觉的延续，同时形成一个具备实用功能的空间区域，以供学生交流、活动之用。

1.3 一条滨河走廊 / 公寓楼南面是一规划河道，作为与福州大学教学区的分界线。在滨河带设计了集晨练、观景、读书、游玩为一体的游园空间，走廊中结合环境的变化与景观构成的需要而安置了观景台、石桌椅，供给学生休息、交流，同时还设计有一条带状园路将各个景点串接起来。此外，通过植物的密植，形成了一条密林带，构成整个公寓楼与外界的隔离带，减少外界噪音的影响。

第五学科群整体鸟瞰图

2 设计目标

本案以建造满足 21 世纪教育需求的大学校园为旨归，同时采纳清华大学规划院对福州大学新校区校园景观总体规划的设计理念，结合福州大学校训“明德至诚，博学远志”的精神，将传统文化精髓溶入深化设计中，“文态”与生态并重，在设计过程中针对五大学科组群的不同专业性质，赋予空间不同的结构功能，形成景观、建筑、文化三位一体的空间视觉艺术环境。

3 设计构思

3.1 整个北区学科组群区域的景观格局规划借鉴了中国传统的城市景观规划中“一水两岸”的理念，以教职工活动中心南部的大面积水域为中心分别向东、西两侧扩展，形成东部三个学科群围绕的带状广场和西部二个学科群共享的公共广场区域。“中心水体，流畅自然，开阔大气，两侧庭院简约精致，典雅亲切”。在整个空间序列布局的规划下，各个庭院空间序列构成动静相宜、起伏有致。同时，以大面积的绿色草坪、微地形坡地和各种尺寸各异的空间艺术造型的有机搭配而营造出雅致的整体环境氛围，反映出一种传统的审美情趣。

3.2 为了体现理工科院校严谨与精密的特征，整个北部学科群区域的设计着重强调“现代感”强的空间造型语言，体现一种时代创新精神，并用简练抽象、寓意深刻的形态象征严谨的科学精神。

此外，本案还用朴实而精致的手法营造各种适于交流之便的亲切宜人的小空间，精心设计的植物造景软化建筑空间，用自然水体及气度不凡的广场打通人们的视觉走廊，联系各个学科组群，营造出一种亲切的校园氛围。

大面积绿地不仅改善了小气候，更为学生提供了一个席地交流和学习的天然场所

除了体现严谨的科学精神和学术氛围、亲切的校园氛围，体现人与自然环境融洽和谐也是本案所要追求的重点，本案在景观选材上尽量利用场地已有水体、植物、山石等自然元素，力求在人工环境中渗透自然的风韵。

3.3 本案尊重建筑的各种功能需求，各个划分的区域的功能有机互补。本案以带状的中心林荫广场贯穿联系了二、三、五大学科群，并使广场自身成为一条文化与休闲活动的纽带。这个大型的带状广场以交通规划线路来界定空间的形式，它的中心区域是个环形的交通广场，设计形式不拘泥于规划线路，但同时又反映规划的交通功能，以这个交通广场为界又分为南北两个区域，两个区域的景观内容互补，形式统一协调，集观赏、休闲、温书、交流、漫步、休憩等功能于一体，形成一个可游可居的多元空间。

02

01. 中心区域利用不同颜色的植物群体来丰富视野空间
02. 环形的特色树池随地形而设，生动有趣
03. 设计成阶梯状的环形特色树池，学生可拾阶而席，为阅读创造一个良好空间
04. 入口中心轴线 3D 效果图
05. 棕榈树阵围合的特色景观道，排场十足

03

05

04

022

06

07

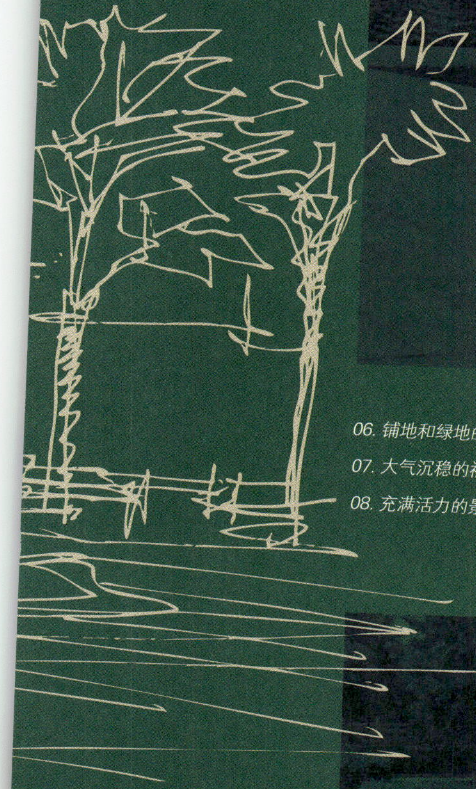

06. 铺地和绿地的几何分割，使空间更具形式美感

07. 大气沉稳的福州大学块石标志

08. 充满活力的景观设计营造出健康的校园生活方式

08

福建师范大学

项目所属 / 福建师范大学基建处

完成时间 / 2007年8月

项目概况

福建师范大学旗山校区坐落于福建省福州市闽侯大学城的新洲村与工程学院之间，有依山傍水的优越地理环境。此方案特别重视对环境、地形的选择和利用，并且最大限度的使建筑与环境取得有机的联系，使建筑与环境达到“形”、“色”、“境”三个层次的高度融合。

福建师范大学是一个百年学府，有着深厚的文化底蕴，同时又是一所焕发活力的大学。本方案为凸显百年老校的文化积淀而设计了气象恢宏、磅礴厚重的校门和行政广场，以显现老校的百年底蕴，并在视觉上呈现开合感，展现师大广博开放的胸怀。与此同时，公共教学区之间的音乐广场则更多地展现出活力绽放的一面。

设计理念

1 设计内容

“一轴两岸，四园多景”/ 一轴：即以溪源江为主体的生活休闲景观轴线，这条轴线是校园文化的重要组成部分，为广大师生提供了在紧张的学习生活之余而游戏、休闲的良好场所。

两岸：指溪源江两岸的滨江区域，相当于校园最外层的保护带，为校园铺上了一层翠绿的底色，是校园中心主轴的绿色背景，滨江两岸景观的有机融入同时也体现了“生态校园”的理念。

四园 是以师大校训命名的核心景点设计，分别是“知明园”、“行笃园”、“立诚园”、“致广园”，四园整合了周边的景观资源，使之成为整个区域的核心景观所在。

多景：指小型绿地和渗透式景观空间。这些小型的景观空间为师生们的课余生活提供了理想的场所。各个空间既有所分割又存在联系，这种多点渗透式的空间组合方式兼顾了景观的整体性和使用者的私密性，并赋予了其不同的文化内涵。

本方案是对福建师范大学旗山校区的景观设计，设计师利用当地优越的自然地理环境，结合传统文化与校园文化的元素，设计出“曲水环绕、村落意境”的优美景观。在整体的景观规划上可以用“一轴两岸，四园多景”来概括，设计手法多种多样，设计内容丰富多彩。

如老立身于浩瀚的湖水对岸，水、植物、生物、飞鸟构筑物等尽收眼底，一览无余

2 设计目标

充分体现我校悠久的办学历史和深厚的文化底蕴，充分体现环境的生态化、景观的园林化、管理的现代化，力求将新校区规划建设成为有特色的一流生态校园。

3 设计构思

此方案考虑到福建师范大学是百年学府的深厚文化底蕴，同时做到各类环境中山、树、石等静态实体与地球、太阳的旋转等动态虚形之间的功能、审美的恰如其分的处理。

4 基本理念

4.1 突出“依山傍水、曲水环绕，绿荫环抱、温馨幽静”的生态校园主题。绿化景观以国屿后山山林生态休闲公园及溪源江为校园生态核心，水体和道路为其主要的骨架，形成网络状的生态绿化基质，营造溪水环绕、绿树成荫的生态校园环境。

4.2 注重“动静皆宜”的空间使用限度，“动”者即营造多层次的空间景观环境，塑造丰富多样的校园公共空间，以满足师生的各种活动之需；“静”者即使

02

03

01

01. 如老式时钟的造型，新颖别致且别有深意；含蓄的表明了师大是一所具有百年历史的老校。临江的亭子造型取自师大老校区校部大楼前的欧式花廊，同时利用溪源江现有水体，将景观效果较好的周边校区作为背景和近景，同时设置视线通道，将良好的山体景观引入设计环境中

02. 具有现代感的湖滨休闲座椅，不仅造型别致，三五成群围坐其中，形成独特的滨水静态休闲区

03. 以暖色调为主的硬质铺装亲水平台在树木的掩映中，突出雅致的校园气氛

04. 大面积的湖面上设置滨水散步道和亲水平台，行走其间，使受众视觉上得到更大的满足

05. 通过山、水、树、石、光、影、日、月等来感受自然的和谐，同时透过人文的符号、标识、痕迹、形体、构筑物等形成于教学区发展目标及氛围协调的滨水景观带

得各建筑群中的人工绿化环境与自然生态环境衔接，将纷繁错落的村落意境与恬静的田园风光结合转化为一种静谧的校园氛围。在“动静”之间实现空间的功能转换，营造独具特色的校园文化氛围。

4.3 营造一种因历史文化积淀而形成的悠远绵长、恢宏博大的文化氛围，通过“高塔长廊、群山开怀”式的建筑与自然相融而带来景观的恢宏气魄，其间熟练运用历史文化符号元素体现一种“人工自然、相得益彰”的文化意境。

04

05

06

07

08

06. 小山头临江段，新区有江，水上活动必将成为新区师生的一项重要体育活动。龙舟、赛艇、独木舟，不一而足，为此特设码头，使之成为活动的中心的同时，自成江景

07. 音乐学院段，在溪流与江交汇处附近设廊状构筑物，以简洁为风格设置座椅，可在廊中观江景及山景，也可成为音乐学院的小型户外练习场地。临江调音，好一出只有幽静，没有悲伤的“琵琶行”

08. 公共教学楼群之间，以音乐喷泉、旱地为主体，以展现新区新世纪的活力，在视觉上形成“开”的势态，与图书馆广场之间以中等的疏林连接，形成“合”的势态

09. 以开放的草坪为主体，借图书馆的文化形象体现老校的开放而活跃的文化气质，在视觉上形成“开”的势态，满足建筑规划中南北向视野贯通的要素

09

宁德师范学院

项目所属 / 宁德师范学院
完成时间 / 2007年8月

项目概况

宁德师专新校区位于宁德市东侨开发区东兰组团。校区北侧为规划学院路，两侧为闽东路和规划高速铁路，南面为滨海大道，东侧为鳌江村及自然山体，规划占地面积 993. 687 亩，自然景观条件极佳。除北部与东部的部分山体与丘陵之外，大部分地势平坦，具备建设山水特色校园的天然条件。

设计理念

1 整体规划

1.1 一轴、两带、三核 / 景观主轴线起于校园北大门而贯穿校园南北，并以象征学府施教的文化艺术雕塑为端点。

沿轴线上分析，从北到南依次布置主入口广场，喷泉广场、开拓大道、求索广场、艺术雕塑，中央景观轴形态上以硬质景观居多，其间需要安排较多的活动空间，故而本案引入了象征闽东海岸的元素来强化其地域特征。

沿布局上分析，整个校园由开至合，再由合到开，层次分明并且富于节奏变化。环视整个校区空间，在设计上更多的体现各个空间之间的连续关系，讲求从外部空间到内部空间的层层过度、延续。由于其地形北高南地，故而中心广场（求索广场）依据地势设计成一个下沉式广场，作为师生日常生活、学习、娱乐活动的空间。

1.2 叠级草坪 / 在保留功能需求的同时，将现场地形的高度差设计为有实用功能的叠级草坪，在美观环境的而同时又使得布景上带有一种错落参差、拾级而上的游戏趣味色彩。

地域文化和学校自身的特色文化是是校园空间设计所要传达和体现的深层因素，这对于设计师来说是一个极大的挑战，因此在设计中除了研究梳理出宁德师专独特的历史文化背景之外，还应当了解、尊重地方传统文化和当地材料，创造符合宁德文化气质的景观格局，使该案成为具有文化与历史代表性的人文景观、生态景观乃至公众景观。

1.3 食堂风景 / 为了避免阳光的直射，入口两边增加了两个树阵广场，师生可在树阵底下的空间聚会活动。南面休闲园在原来水域形状上做了优化，增加了阳光草坪与阳光沙滩，丰富就餐区域的周边环境。

2 设计目标

在大学校园规划中贯彻“以人为本”的思想，着重就是要把教师与学生群体放在第一位，参照师生的日常学习生活的节奏规律，科学合理的确定学校的功能分区和结构形成。

3 设计构思

3.1 突显地域文化特点以及中国文化气质。

3.2 适应现代学科教育的技术，满足师生日常生活需求。

3.3 强调人文与自然相融合的“天人合一”的设计理念。

4 主要理念

4.1 地域性文化在校园的延续 / 宁德师专地处福建省东北部宁德市，东临东海，具有鲜明的闽东海岸地域特色。本案从水系设计到景观置石设计都应用了当地特色的“海石”，营造出体现闽东海岸的地域特色的文化氛围。

4.2 新旧校区文化的交融 / 1958 年成立福安师范专科学校至今，拥有着悠久的办学历史，新旧校区间如何形成文化上的呼应与交融、如何对历史文化在新区的传承是这次设计中的重点。本案将旧区中有特色的文化氛围及特色的景观小品在新区中进行延续与传承，在新区景观中既有新的风貌又有旧区的影子，形成新旧校区之间的校园文化的交融。

4.3 自然的精神属性——天然山水校园 / 本案设计从宏观生态环境出发，充分考察和顾及到当地气候、水文、地质、植被等的特征，把大学校园作为一定地区范围生态系统的子系统依附于自然环境之中，结合城市开发建设中环境保护和建设，使之成为城市区域生态系统中积极因素。同时因山就水，在尽量保留现状独特而壮观的自然地貌的基础上，整理山形、水系、丰富地景、创造出具有中国传统人文意境的自然山水园林特色。

水中自然驳岸，搭设蜿蜒曲桥，令周围的生态概念环绕于脚下

01

01.“凤凰形”魔纹绿色植被，为校园增色不少

02. 路边休闲地效果图

02

03. 自然游憩驳岸与湖面的共融，虽由人工再造，却宛若天开
04. 自然游憩驳岸与湖面的共融，虽由人工再造，却宛若天开
05. 中心湖区仿自然再造，让石草互动，成为生态环境里最佳角色
06. 夸张却显大气磅礴的整石造型校名，突破传统规则式做法，轻易衬托造型美

05

06

福建工程学院

项目所属 / 福建工程学院工作指挥部

完成时间 / 2010年6月

项目概况

福建工程学院溯源于 1896 年清末著名闽绅林纾、末代帝师陈宝琛创办的“苍霞精舍”，后演变成“福建高工”。学校以工科为主，在漫长的办学历史中逐步形成具有“大机电、大土木”学科背景的专业布局。

新校区座落于福州市上街大学城西南部，校园占地面积1500余亩。西靠旗山、溪源江和京福高速公路，北隔规划作为大学城中心共享区的湖面，东部隔江是预留的教育和住宅用地，是福州大学城内最亲水、最具休闲色彩的区域。

本方案是对福建工程学院旗山校区的校园景观设计，设计结合工程学院的地理环境和历史人文积淀，兼顾形式和功能，打造一个生态、环保、有文化底蕴的优美校园环境。

设计理念

1 整体规划

1.1 中部绿带休闲公园是处于学园路与溪水之间的绿化走廊，也是连接校园南北的交通纽带，设置在其间的有学生广场、忠贤雕塑、竹林棋阵、休闲湿地、疏林草地、毕业生纪念林、摩崖石刻、湿地溪流等景观，中部绿带休闲公园将各个不同文化特性的景观链接成一条宛如珍珠项链的景色优美色的游览线，将校区历史的过去与未来、自然与人文水系浑然地联系在一起。

1.2 在景观材料的选择上多利用场地已有水体、植被、石头、湿地及其他可利用的、有价值的特色场所，传达“山之貌、水之秀、石之韵”的自然神韵。同时还结合北区中轴景观中的元素，有机融入各种公共艺术作品。

1.3 强调细部人文景观的个性化和现代感，通过细致、简洁、抽象和优雅的设计使整个校园在每一个细部都具有独特性和现代性，使之具有深远的耐人寻味的意境。

1.4 已有的景观资源可以作为开展特色体育运动和休闲活动的场地，在常规运动区的基础上，尽可能利用独特的地理位置为师生的校园生活创造有地域

特点及至文化特征的休闲、运动、趣味特色体育项目，调动场地内一切自然优势，形成极具特色的休闲区和充满吸引力的散发青春魅力的扩展运动区。

2 设计目标

创造一种特征鲜明、独具个性的的校园景观，同时使其具有静谧优雅的氛围以满足教学生活需求。赋予校园景观人性化色彩，使其具备可游可读的人文底蕴，同时以现代科技打造具有新时代特征的现代生态校园景观。

3 设计构思

中央主轴贯通全区，南区山水逶迤，开阔大气，北区简约精致，典雅亲切，整个空间序列动静相宜、轴线明确，同时兼顾大面积的绿色组团和各种通路的临界点、线构成元素。

4 主要理念

4.1 结合传统辍山理水的山水空间布局方式处理校园南部山水空间。南部山体是整个校园景观体系中起空间至高点作用的构成部分，因此应当充分保护和利用工程学院新校区现有南部遗存山石景观资源尤其是山、水、石等空间构架，使景观环境空间遵循原初的景观格局，人工构筑物原则上不对整体格局造成控制性影响。

4.2 北部区域景观设计使用简洁凝练的风格和现代造型语言体现工科大学严谨、简约、和谐之美。相对于南部的依山傍水，北部教学区多为工科专业教学建筑及院系场所，建筑体积和密度较大，因此在景观设计中着重强调现代空间造型语言，大量运用现代工业设计元素并使各个区域具备实用功能。

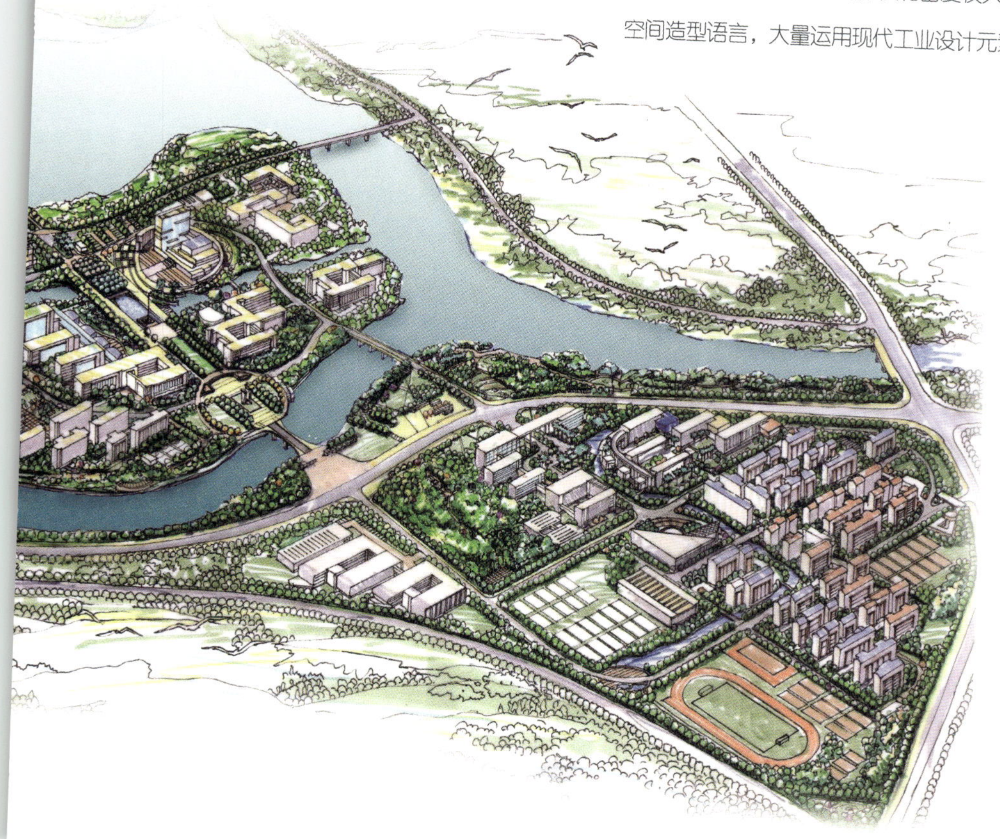

01

01. 用各色铺装来丰富入口广场，偶尔的绿地介入反而成为公共空间的点睛之笔；
树则化身成荫庇的遮阳伞，为师生储存呼吸之地
02. 应用当地石材作为入口文化景墙及案名墙，充分展示福州的本土文化，创造
符合当地人文意境的校园景观
03. 主轴的设计遵循校区内的文化、历史、校训、精神等思维，用树阵、小品、
硬质、驳岸、水域等景观元素丰富校园内涵

02

03

044

04 大面积的水域与中央文化主轴交集共生景致，将校园的文化、脉络、历史内涵隐含其中

05 升旗台座落于中轴段的水与绿坪交界处，勾勒出它的庄重与崇高之意

06. 富有大学文化气息的景观雕塑通过细致、简洁、抽象的设计使其成为一种精神的凝炼，耐人寻味、意蕴深远

景观之道
LANDSCAPE

展览·公园景观

EXHIBITION PARK LANDSCAPE

毛文正景观设计理念与实践

048

2010年上海世博会福建馆

项目所属 / 福建省人民政府

完成时间 / 2009年3月

项目概况

1 展馆的空间布局设计

1.1 体现福建山水文化的造型特征 / 在展馆的空间布局上，团队充分挖掘海峡西岸的地理空间、山水格局的特点与文化品味，充分体现“ 家在城市之中，城市在山水之间 ”的设计思想。

展馆的主体设计吸收了福建土楼的造型元素。2008 年，福建土楼正式列入联合国世界文化遗产名录，它是福建的文化名片，为吸引更多的参观者，我们将这张立体的名片演绎成为展馆的主体，形成富有文化韵味的展示空间，展示了福建独具特色的旅游资源，同时也突出了福建的地域文化标识。此外，圆形土楼的造型元素能够恰如其分地结合展示空间的功能要求，其弧面适合多媒体展演，围合的空间易于凝聚参观人气。

除了采用土楼造型元素之外，展馆主体还体现了海洋文化元素，表达一种博大开放的海洋文化理念，展现福建人开阔的眼界和宽广的胸襟。展馆主体运用设计运用大弧形的白帆连接两个土楼造型，在地面上配以海浪造型，并借助多媒体成像技术，以山作形，以水为势，有效地展示了福建徜徉于山水之间的城市风格。展馆周围层层错落的结构被巧妙地转化成为无障碍过道，充分体现出一种人文关怀。

1.2 多种元素的巧妙融合 / 本届世博会福建展馆的设计融合了多种元素，包括：海峡元素——海峡西岸经济区；土楼元素——闽台合作农业经济；“ 福 ”字元素——文化创意产业；瓷器元素——海上贸易业；榕树元素——基础设施成就；海洋元素——开放创新写辉煌。

本案对元素的运用以发挥展示功能为出发点，故而庞杂的元素运用并无牵强的拼凑感。此外，设计团队还注重各个元素之间的有机结合，除了注重体现海峡西岸经济建设与文化发展的和谐与繁荣的主题，本案在尊重传统特色的同时还展示出新时代的变化，在扣紧世博会主题的同时又突出展示了海西建设的成就，将过去与未来、传统与潮流完美统一在展馆当中。

艺术设计是一个复杂的实践过程，在设计阶段必须考虑到方案实施过程中的方方面面，因此，系统的思维方法起到越来越重要的作用。2010 上海世博会福建展馆设计方案是一个庞杂的设计系统，包括多个子系统，并运用了诸多的设计要素，因而系统设计理论和系统思维方法是本案取得成功的基础。笔者在全面考量福建本土的物华与人文之后，根据设计的需要而从各个相关学科延揽专业人才以充实组建福建师范大学设计团队，团队成员的专业涉及艺术设计、美术学、历史学、物理光学和机械工程学等学科。

2 展馆结构设计

世博会是世界范围内的展示盛会，应当充分考虑到展会期间庞大的观众流量，在结构设计上要充分体现人流的分散空间，并考虑到观众接受信息的有效性。展馆空间分割为上下两层，西座楼梯和两处残疾人坡道以三个稳定的圆为基础，结构合理，易于施工和组装；内结构采用钢组件，安全、稳定、防火；外饰采用竹制大漆，环保、美观。在功能分区上，展馆主要分为电子互动展区、展品展区、图片展区、多媒体展区、水幕影像展区、休闲广场和环形电影剧场等七个展区。

3 导航系统设计

在此类较大的展馆中，导航系统的运用显得非常重要，导航系统不仅能使观众更加清晰、全面的了解展示内容、展厅结构和展区分布，并且在紧急情况下，导航系统能使观众迅速撤离至安全地带。

本案中设计了多种模式的导航系统，有多媒体互动导航系统、图案视觉导航系统、听觉导航系统以及展馆结构导航等。多媒体交互触摸设备导航系统能够提供展厅内部的详细信息。图案视觉系统即展馆内部设置的安全通道、展厅平面图、展区分布指示牌以及地面上的脚印图案，除了引导观众的参观路线之外，图案视觉系统本身也是一种趣味化的交互设备，能够在空间中创造多元的感觉体验。

01. 一层总平图
02. 二层总平图
03. 一层总平图

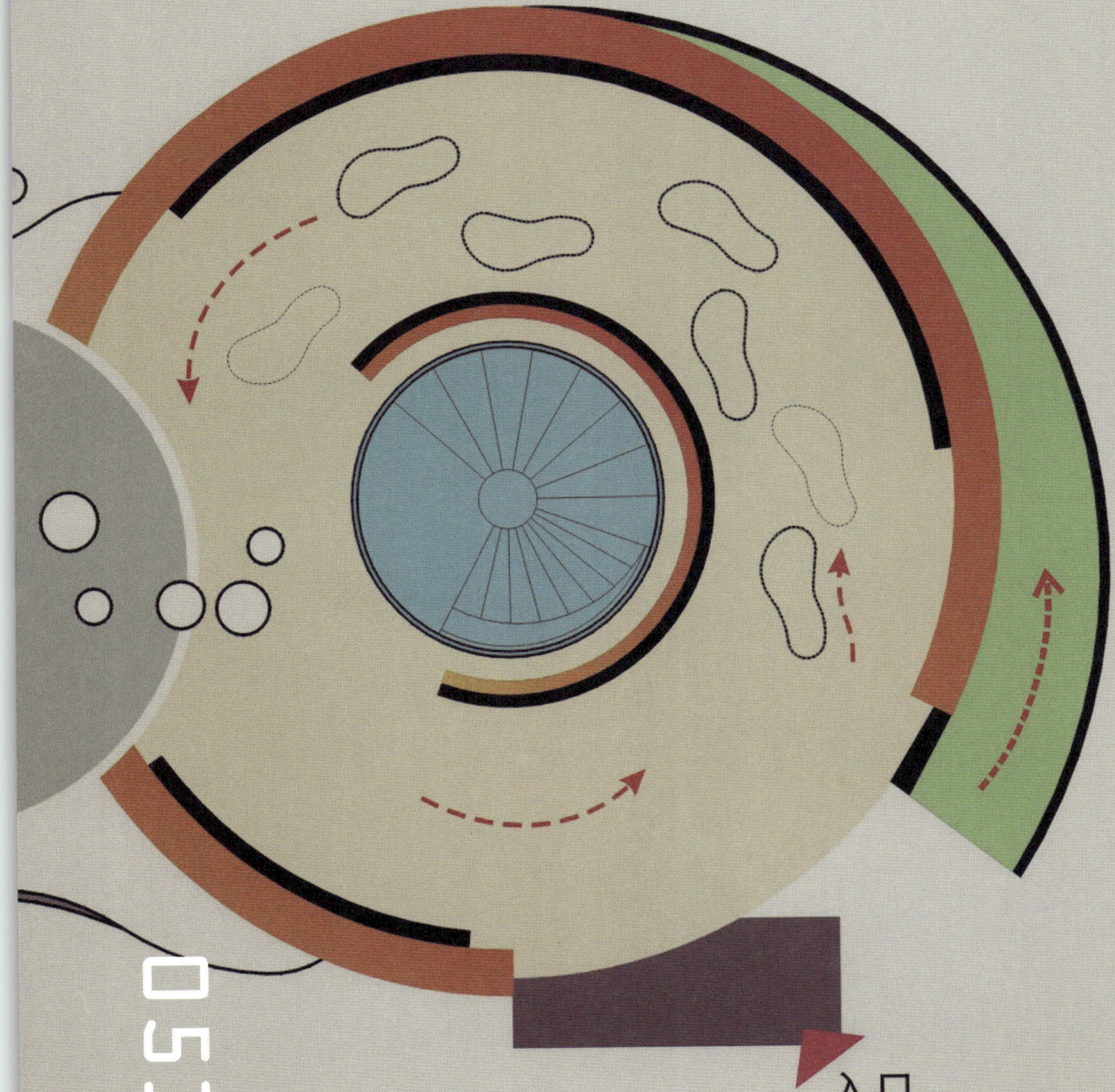

03

052

05

04

04,05. 图形造型蕴含土楼的意象，其环面适合多媒体展演，圆形的空间易凝聚人气

听觉导航系统则通过不间断的多种语言广播，让观众了解自己所处的位置。而展馆结构导航则是直接运用展馆结构空间来对观众进行引导，在两个圆形展厅的外围有无障碍通道，可以直接到达二层展厅，无形中就实现了观众的分流和导航，一层展厅内部的环形楼梯可以起到同样的作用。

4 展示系统设计

展示系统是展馆的核心部分，所有的前期准备都是围绕展示系统而开展，而展示内容和展示载体则是构成展示系统的主体。

展示内容主要有：福建特色文化、风景名胜古迹、历史文化名人、地理位置特征以及改革开发以来福建经济建设和社会发展取得的各种成就，展示福建辉煌的今天和未来的规划。当然，具体的展示内容由政府部门商讨决定。

如此众多的展示内容，需要有合理的展示载体，才能将内容展现的淋漓尽致。多种展示载体的运用是本案的设计特色之一：一是多媒体展示，包括循环播放动态画面的电视屏幕、水幕影像、环形电影剧场和基于三维虚拟成像技术的交互设备；二是实物展示，包括静态的珍贵图片、排列有序的实物展品；三是特色文化展演，相关节目主要集中在休闲广场，展演内容有福建南音、泉州提线木偶、福建独有茶道、数百年脱胎漆艺、软木画工艺等独特文化、技艺传承。

总结

通过世博会福建馆的设计实践，我认为现代的设计思维受到现代科学发展而体现出分支化和一体化的倾向：一方面，科学的迅速发展使得其向高度专业化发展，学科的划分越来越细，设计必须面对这种专业化细分的趋势，设计师必须具备宽博的知识背景；另一方面，边缘学科、综合学科不断涌现，学科之间相互渗透、相互关联，这使得设计必须打破常规思维模式而富有创新意识。

科学技术的发展促使设计学科的思维方式愈加系统化、结构化，本案视世博会福建展馆的设计为一个整一的大系统，展馆的造型、结构、功能、灯光、展示、宣传和后续开发仅仅是大系统中的一个子系统，而子系统中又包括各种各样的要素，而本案取得成功的关键就在于将这些要素有机地统一在展馆空间之中。

06. 大弧形白帆驾驭于两个土楼造型之间，施展其恢弘的气势
07,08 展馆外观局部效果图

09

09. 各主题前多媒体触摸屏和地面交互设备为观众提供全方位的信息，增加观众互动情趣

10,11,12,13,14. 展馆内部局部效果图

058

国庆六十周年福建晋京游行彩车

项目所属 / 福建省人民政府

完成时间 / 2009年8月

设计理念

笔者从主持国庆 50 周年和国庆 60 周年福建省晋京彩车设计的亲身体验出发，对前后两次的国庆彩车设计进行对比，间接对本次福建省晋京彩车设计做出了说明和解读，并引发出关于现代艺术设计与应用科技之间复杂关系的深度思考。

【设计理念】

现代设计强调创新精神，创新是一个民族进步的灵魂，然而设计上的创新需要以科技为依托，而科技的应用也需要良好的设计来实现。因此，科技是设计的支撑体系，科技的发展才能使“天马行空”的设计方案成为现实。国庆 60 周年福建晋京彩车的设计之所以能够取得成功，很大程度上取决于其设计体现了 10 年间科技的快速发展。

例一，LED 技术的发展：

国庆 60 周年福建晋京彩车设计在对 LED 显示技术的运用上充分反映出该技术的最新发展状况。

LED 技术在 30 年前就已经开始研发，它是一种通过控制半导体发光二极管的显示方式，用来显示文字、图形、图像、视频、录像信号灯各种信息的显示屏幕，而随着 LED 技术的成熟，其发展到可以适用于室外环境，并相对于投影仪、电视墙、液晶显示屏等具有亮度高、工作电压低、功耗小、小型化、使用寿命长、耐冲击和性能稳定等优点。

在国庆 50 周年时，这方面的技术还不够完善，特别是大面积的 LED 屏幕，成本较高，所以这种产品没有得到大面积的推广和应用，而到了国庆 60 周年庆典，几乎所有的彩车都使用了 LED 显示屏，天安门广场上也树立了两块全球最大的广场显示屏。

例二，发电机技术的发展：

本次运用的液压升降系统，在 10 年前也有个别省份的彩车使用这种技术，

笔者从主持国庆 50 周年和国庆 60 周年福建省晋京彩车设计的亲身体验出发，对前后两次的国庆彩车设计进行对比，间接对本次福建省晋京彩车设计做出了说明和解读，并引发出关于现代艺术设计与应用科技之间复杂关系的深度思考。

01. 具有福建地域特色的彩车，如大艘巨型帆船，在海浪中迎风前进

02. 少女婀娜曼妙的身姿展现于帆船延伸的甲板上，他们将舞出当代最动人的“惠安女”形象

01

但是运动行程都非常小，主要原因是发电机功率达不到。现在的彩车除了大型的液压系统还有大 LED 显示屏，支撑大型的液压和 LED 显示屏这两个系统的动行需要有充足的电能。例如，福建彩车在液压升降桅杆运行时，需要的瞬时功率达到 90 千瓦，又由于发电机是放置在彩车内部，这不仅要求发电机有高功率还要有小体积和低噪音。本次福建彩车的发电机是在全球进行采购，最终选用世界顶级的日本进口 NES45EK 微型发电机，噪音小、尾气符合环保要求，保障了彩车的顺利安全运行。

例三，汽车底盘和发动机技术的发展

10 年前的国庆 50 周年庆典上，各省彩车所用的地盘多为进口汽车底盘，本次则多为国产汽车底盘。例如福建彩车底盘为厦门金龙客车厂制造的底盘，底盘总长 13 米，宽 2.8 米。由于彩车总宽达到 6 米，在底盘两侧各增加一个辅助轮，增强了彩车的稳定性和安全性。此外，在全国 65 部彩车中，福建彩车是尾气排放量最低的，达到欧Ⅳ标准，被誉为“最环保彩车”，这与底盘和发动机的技术密不可分。

10 年时间在人类的发展历程中显得微不足道，正是这短短的 10 年，让中国以经济和科技为首的综合国力得到快速发展。笔者在前后两次主持福建晋京彩车设计工作的经历中深刻体会到应用科技对设计起到的支撑和提升作用，对设计思维产生变革性影响。应用科技推动设计进步，设计也在某种程度上引导着科技的发展，设计与科技同为人类所用，却在不同的向量上促使对方取得跳跃性的发展。

02

03

04

03. 海浪般的“祥云纹”，在蓝天下绽放异彩

04. 天安门前展出的彩车，在喧哗的人群中、在泛蓝的天空下尤为精彩

062

世贸茶亭公园

项目所属 / 福州世茂新城房地产开发有限公司

完成时间 / 2009年11月

项目概况

1、据清代王应山《闽都记》中的记载，地处福州市中心地段的茶亭街是福州城当时的一个交通枢纽，这里是由台江进入福州的重要道口。有一位僧人化缘为南来北往的行人建立一座凉亭，整日煮茶施舍行人。久而久之，在此地煮茶水免费供给来往行人解渴、品尝的习惯被延续下来，以后这里茶肆林立，逐渐成为一个繁荣的街市，茶亭名字由此而来。

2、茶亭公园位于广达路与八一七路之间，建于 1986 年，是茶亭街设计中“一轴三核心”总体商业布局的重要节点。公园北门通群众路，东门抵广达中路，占地面积共计 3 公顷。公园内有 3 株古榕，覆荫数亩，是南来北往行人的休憩之地。此次对茶亭公园进行重新规划设计，在同一地点必须结合地下商城和地铁换乘中心两个项目，使其承担相关的功能。

茶亭公园改造工程是福州市政的一个重点项目，在历史上茶亭就是福州城的交通要道，并以其为轴点逐渐延伸和辐射出了周围的商业街区，1986 年现有的茶亭公园建成之后成为该区域的重要的景观带，并承载着诸多的功能，是福州地域文化的一个缩影。由此，茶亭公园的设计重点应是对历史的考古和文化的再现。同时，设计方案还要体现茶亭的地下商城和未来的地铁换乘中心。

设计理念

1、设计中应体现“公园”的基本设计原则，公园是城市中人亲近自然的主要场所，负载着营造公共空间、平衡城市生态体系等功能。公园所承载的功能用途是多变、多方位的，也应当充分体现其开放性，并营造“城市绿洲”式的自然景观。

2、设计注重再现茶亭的历史文化渊源。作为福州这个历史文化名城的重要区域，茶亭街区汇聚了福州的历史精华和印记，承载了几百年来福州的文化风貌，因而对茶亭历史文化的再现应当贯穿到设计的各个环节之中，例如：入口、凉亭、隔墙等建筑采用具有福州特色的建筑形式和墙体样式，小广场上放置人物雕塑，再现当初煮茶景象等。

3、对老茶亭公园的不足之处加以改进，使之负载现时代要求的新的功能，体现现代景观设计的水准。80 年代建造的公园不仅在道路的设计和景点的布置上比较单调，无法体现富于变化的多层次园林空间，而且不能充分体现茶亭历史文化特色，更无法满足现代的审美观，新设计方案在 80 年代老茶亭公园的基础上做了大幅度的改进。

4、新茶亭公园设计方案借鉴中国古典园林的“小中见大、精而广博”的布景原则，力求体现传统型的高雅文化品位与审美情趣，再现传统的园林美学境界。

本案在利用自然环境的同时，有意识地自然元素进行提炼、凝聚，叠石为山，理水辚湖，栽花植木，以期取得“纳千山与万水，收四时之烂漫”的效果；同时，本案使用大面积的组团绿化，成为主水景区的补充与延伸，丰富了景观的层次和深度，营造出幽静、深邃的空间意境；此外，本案还使用虚实相间的手法，使公园景观在有限的特定环境下，给人广阔无穷、气象万千之感。种种景物布置手法都为让入园游客能够化景物为情思，在休闲之时触景生情，在情景交融之际获得精神的愉悦与升华，在城市中体验到自然的可亲与美好。

世贸茶亭公园鸟瞰图

10.3
27.6
非机动车停车
自行车库出入口
23.5
地下车库出入口
5.0
女儿墙
裙房
7+3F
天窗
商业入口
55F
地下车库出入口

01

01. 世贸茶亭公园公园总平面图
02. 融茶文化于湖心岛，将湖心岛纯托于万木掩映之中

02

03. 公园出入口的荷花阵。整齐排列的荷花池打破了入口的沉积与宁静，使原本略显空旷、单调的小广场显得更加有灵性。

04. 荷花池边的长廊。曲折悠长的中式观荷长亭与公园古典建筑呼应，在长廊漫步，别具雅致的韵味，游人可以从不同的角度观赏荷花的争芳斗艳。

05. 宁静的茶亭公园与高耸入云的世贸双塔形成对比。没有都市的喧嚣和吵闹，安静的公园正好提供了一个缓解压力、放松身心的去处。

06. 中式框景元素的应用，别有韵味

07. 一抹星红点缀于白墙，使得亭台楼榭的存在更加富有层次

08. 中式茶香园入口，园内风景别具魅力

09. 阳光明媚，树影斑驳，光晕洒于树梢，星星点点

10. 高楼、乔木，低矮灌木，绿地、块石，形成丰富景观空间

11. 亲水平台，自然式驳岸处理，亲绿空间让身心得到最佳休息

12. 具有福州地域特色的牌坊入口与入门内影壁相得益彰

13. 石质座椅立于小广场，扶栏眺望，公园之景尽在眼中

14. 竹林映影于白墙，一抹绿形成生趣点缀

19. 古榕下的小广场除了有遮阴功能外，更是一个休闲 19. 黑白鹅卵石铺装加强了装饰效果，其形式和内容都很丰富

20. 在乔木的遮蔽下，小型灌木自然的围合出一片绿地，树影斑驳，引起无限遐想风

21. 高大的棕榈遮蔽着曲折小径，小尺寸空间造就了安全感和趣味性

16

17

18

19

20

21

中国工艺美术城

项目所属 / 莆田妈祖工艺城开发有限公司
完成时间 / 2009年6月

莆田是福建省工艺美术的重点产区，其工艺美术向来以“精微透雕”著称，在诸类品种之中尤以兴于唐宋、盛于明清的木雕著称，具备鲜明地域特征和丰富的传统面貌。
莆田中国工艺美术城规划布局合理、功能齐全、设施完善、格调优雅，其在政府的引导之下聚集了木雕、玉雕、石雕、民间工艺品等几大行业，形成一个立足本地而辐射全国的大型工艺品区和旅游观光、休闲购物中心。

项目概况

1 地理因素分析

本案地处福建省莆田市荔城区黄石塘头，东临福厦高速公路黄石出口处及省道城秀路，南靠福厦铁路莆田站，是前往湄洲岛朝拜妈祖的必经之地，交通便利，并是解读莆田地域文化的有利窗口。

2 基地因素分析

本案规划用地面积 460 亩，总投资 6.248 亿元，总建筑面积 47 万平方米，规划区域由展示中心、展销区及公共服务配套设施等组成，其中展示中心建筑面积 2.7 万平方米，展销区建筑面积 30.3 万平方米，公共服务配套设施建筑面积 14 万平方米。

3 地域文脉传承分析

3.1 文献名邦 / 盛世贤人和文章著述的好地方，即求真、向善、崇德、重教。

3.2 妈祖文化 /“三教合一”理论，即（儒、道、释三位一体）。

3.3 红砖文化 /“红”的象征。在中国传统色彩中，红色有很多种含义，即代表南方、帝干、喜庆、吉祥。红砖还是莆田传统建筑的主要材料，具有鲜明的地域特色。

3.4 由红砖文化引申出五行学说 / 即世界上的万物都是由土、木、火、金、水这五种基本物质构成的，而自然界中任何事物的运动、发生和发展都是由这五种物质相互作用的结果，五行说代表了万物互生相构的传统哲学观。

设计理念

1 设计目标

工艺城中各景点与景观首先必须传达一种承载地域文化的视觉信息，其次，各个景观空间必须被注入活动功能，从而激活景观的生命力，工艺城内应拥有各种尺度、高质量、互动的交往空间，为各种类型的文化活动提供适宜的条件。

红砖文化，莆田建筑经典之作，它的景观也将是与项目定位及建筑的经典，相匹配的高端文化艺术景观的范畴

2 基本理念

本案设计风格以古朴典雅为主，协调统一莆田的文脉历史与地域特征，赋予其简约合理的

（1）文脉历史。莆田因其独特的地理位置和其特有的文化传承而形成了与众不同的人文地域特色，其以“ 文献名邦 ”、“ 妈祖文化 ”、“ 红砖文化 ”以及“ 五行学说 ”等为代表，这些地域文化元素将通过多维创新的景观设计来体现。

（2）文化与商业并重。在强调其地域特征的同时，本案本着横向添加与纵向深入相结合的原则以达到景观的丰富性，同时完美契合了景观空间与场所精神，满足各种场所的多元功能诉求，努力打造具有时代气息和文化特色的现代商业空间。

（3）协调统一。注意各个细节局部的有机统一，形成一种鲜明的整体形象，并注重建筑与周边的环境的协调。

（4）简约合理。本案在满足受众审美的前提下，以简约大方，经济合理为原则进行设计，以符合工艺美术城作为功能性建筑景观的性质。

01,02. 中央广场处特立的文化灯柱，用浮雕纹样转述历史的积淀

03. 涌泉将水源引向广场中央，用水作文章

01

02

03

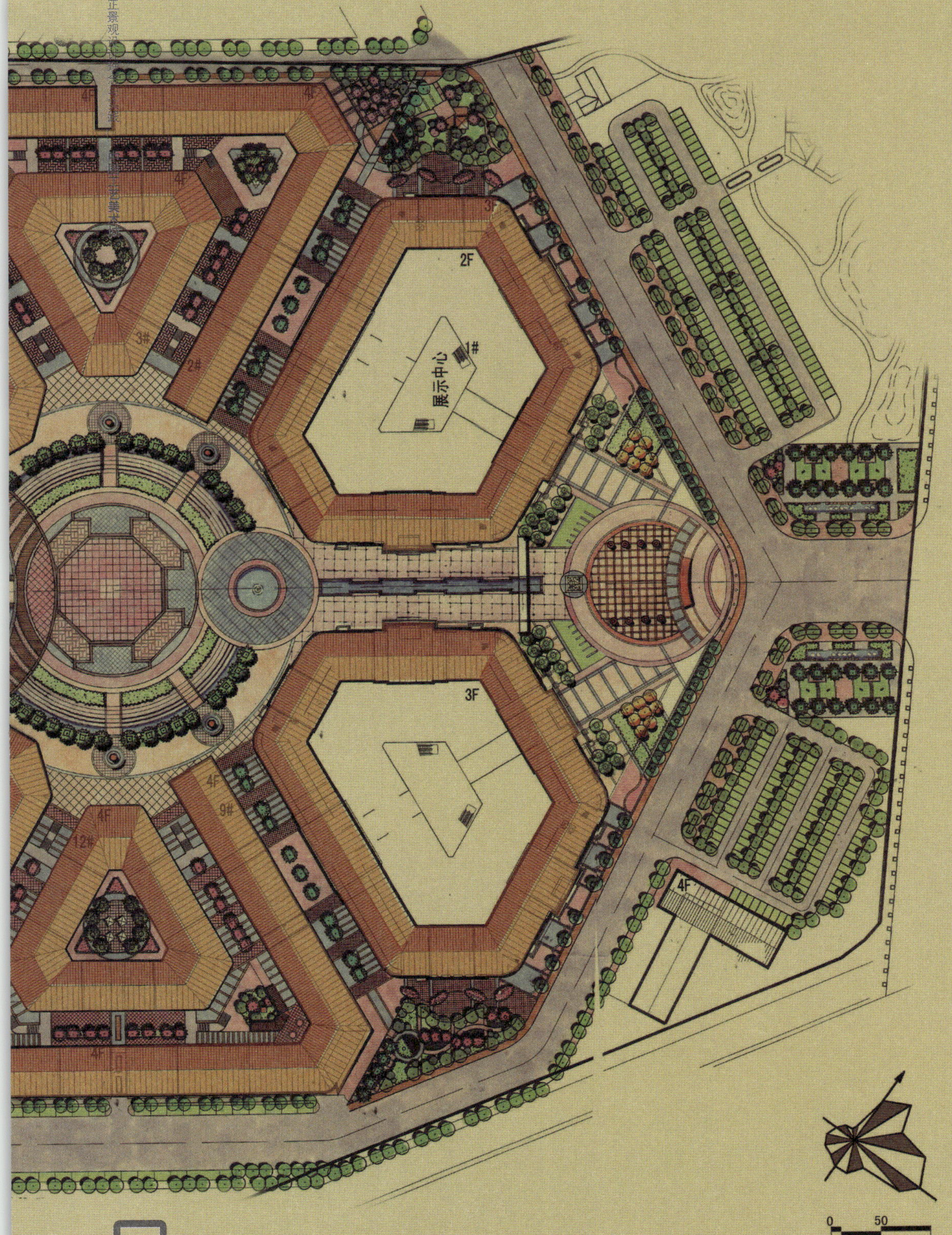

中国工艺美术城总平面图

3 规划结构

方案总体布局在基地的自然形状基础上发掘人文景观资源，塑造一轴线——一中心——两原点向四周扩散的景观格局，使整个地块成为一个有机统一的整体。

（1）一轴线 指贯穿基地的整条中心景观带，景观带以硬质铺装为主，辅以植物点缀，整体色彩基调与建筑相配合，彰显出一种大气、宏伟的风貌。

（2）一中心 指中央文化广场，它是文化凝聚、情感凝结、基地文脉之所在。创造富有地域性特色的文化广场，并充分利用符合文献名邦求真、向善、重教、崇德的文化符号以及金银珠宝、木雕、玉雕、石雕四大产业的形象特征作为广场的景观元素，突出文化与商业相融合的功能特色。

（3）在植物配置上以营造静谧悠闲的休闲、购物空间氛围为主，在植物群落的空间和形态上，形成疏密，明暗，动静等多种对比，引导和暗示观众在产生不同的心理体验与感受。

04. 古朴典雅的工艺美术城入口，在植物的点缀下更显大气，宏伟
05. 景观柱与花钵穿插排列，让整个场景整齐中透露着活泼
06．正门稳重的色彩基调，陪衬以硬质铺装，使其对比鲜明而不突兀

04

05

06

080

项目所属 / 淮阴区政府

完成时间 / 2009年8月

淮安市公园系列—西坝公园

"盐运"文化主题雕塑群，将历史刻画得栩栩如生

项目概况

淮安西坝公园位于淮安市北郊，坐落在古黄河与盐河之间。西坝，源于治水，兴于票盐。康熙年间，靳辅受康熙之命治理黄淮之水，保证漕运畅通，在王家营附近建筑三座减水坝，分别称为东坝、中坝、西坝，“ 西坝 ”之名由此而来。本案设计过程中，以西坝的历史文化为脉络，依据地形特点设置公园的功能分区，以满足多种需求。

1 地理特征

淮安西坝公园所处的淮阴区位于江苏省北部平原中心，地形平坦，交通便利。并且气候处于北亚热带和暖温带的交界区，半湿润的季风气候带来丰沛的降水，形成明显的四季变化。而淮安西坝公园位于江苏省淮安市淮阴区王家营附近，在古黄河与盐河之间，规划占地面积 83057 平方米。

2 人文历史探析

西坝是历史上淮北食盐的集散中心，曾有“ 苏北小上海 ”之称，该地区历史上产生过一系列与“ 盐 ”的历史名人，如陶澍、魏源等为民谋利的盐官和为地方经济出力的盐商赵耀东等，构成当地丰富的人文历史资源。

设计理念

1 基本原则

本案设计以体现丰富的文化内涵、营造舒适开放的景观、保持当地的生态协调平衡、赋予合理实用的功能为旨归。

1.1 文化内涵丰富 / 公园设计应当充分体现盐运文化，而这种努力应当通过保留当地自然山水风貌、反映历史文化传承脉络并结合现代造园理念三个维度而获得，由此形成一个融合多个文化层次维度为一体的盐运文化主题公园。

1.2 景观舒适开放 / 本案借鉴中国传统的“ 山阳水阴 ”的风水布局原则，在原有的地形基础上将现有的风景区划分为：文化景观区、休闲景观区、市民集散活动区、古文化商业区，以求满足入园游客的需求，并追求最大的舒适度和开放原则。

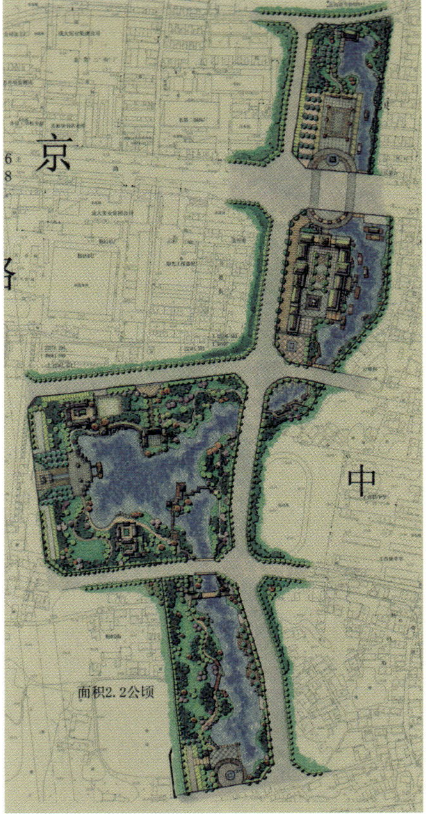

1.3 生态协调平衡 / 在生态规划设计上以保持生态协调平衡为原则，优先种植本地树种，“适地适树”，使引进的植被具有最佳的适应性，在维护原有生态的同时保持其地域特色。

1.4 功能合理实用 / 在完善使用功能的前提下，尽可能的降低造价，将后期的维护和养护纳入考虑范围，以经济实用为原则进行设计。

2 规划结构

2.1 轴线规划 / 园区节点采用轴线非对称均衡的形式，以盐运文化区为景观控制中心，其间穿插曲直线相结合的游园线路以及块面的铺装，而大面积的水体与广场相结合而形成刚与柔的交替韵律围绕轴线。

2.2 整体布局/整体结构规划可总结为:“一洲、二水、三结、四区、五广场”。

一洲：人工湖中央绿洲文化休闲景观区。

二水：包括主体景观湖及北部商业古街水乡环境水系。

三结：连接四个地块的交通环岛节点分别以高架景观桥、古城墩、子母广场的形式体现。

四区：规划中的四大景观地块分别为盐运文化区、水景休闲区、聚会广场区、古典商业街区。

49618.16
22588.58
京
路
路
中
面积2.2公顷
1906.6088
9659.4284

五广场：在四大景观地块中分布五个休闲广场，分别为：主入口盐运文化广场、亲水休闲广场、雕塑广场、市民聚会交流广场、商业活动广场。

3 景点设计

园区的四大景观地块分别为盐运文化区、水景休闲区、聚会广场区、古典商业街区

3.1、盐运文化区＼主入口的“盐运文化广场”是进入主题公园的一大亮点，题名镌刻在极富特色的文化石案上，石体与字体一白一金的颜色对比隐喻了当年盐运为城市带来的财富，站在此处，观众眼前仿佛会呈现出当年车水马龙的盐运盛况。

区域中的盐运文化展示馆仿照明清的古建筑的机理，展示了淮安地区悠久的盐运文化历史，引导观众在观赏游玩的同时达到寓教于乐的目的。

3.2、水景休闲区＼园区大部分景观傍水而立，能够满足观众的亲水需求。主体景观湖的视觉中心由湖心岛紫菱洲构成，周边错落的临水戏台、雕塑以及督船景亭构成竖向上的视觉呼应关系，景物的布置构成开阔而丰富的视野空间，可供游客细细品读。

3.3、聚会广场区＼在主景观区北部的自然山水一侧开辟多个场地，设置各种娱乐休闲工具、休息座椅、卵石健身步道等设施，满足游客的多种功能诉求，同时使得广场在整个园景中更具活力，丰富了周围水榭平台的画面构成，增加了平面造景的色彩。

3.4、古典商业街区＼建造于区域北部的水乡环境水系与旁边的聚会广场区形成鲜明对比，商业街区的古典风格与聚会广场的现代风格相映成趣，模仿明清时期淮阴民居建筑风格的商业店铺加强盐运文化的氛围。

4 植物规划

在主入口景观区以及古典商业街区设置规整的树阵，选用冠幅较大且枝干整齐的树形并配以整齐的灌木，形成有序的绿化空间。在其他绿化区采用自然式种植，以丰富的适地植物种类，配以多样化的组合形式形成疏密有秩、层次丰富，色相协调的绿化空间。

01

01. 极富特色的文化石案名，轻易地将公园的人文历史呼出

02,03,04,05. 雕塑群——被赋予历史使命的雕塑群，在现代中传承它的历史，让人驻足的同时品位历史的丰富遗产

02

03

04

05

项目所属 / 淮阴区政府

完成时间 / 2009年8月

淮安市公园系列—韩信母爱公园

项目概况

1 地理位置

淮阴因地处古淮河之南而得名，居于中国大陆沿海的黄金分割线以及长三角经济圈的大外环上，是江苏南北交汇的中心。淮阴东方母爱公园规划占地 225000 ㎡，位于淮安市淮阴区南昌路以东，南接古黄河，北临南京软件园，中间由滨河路通过。

2 地域文化分析

淮阴地区历史上人文荟萃，受源远流长的儒家文化的孕育滋养而有着深厚的文化底蕴，这里人才辈出，一代大军事家淮阴侯韩信便是淮阴地区历史上的著名人物之一，“ 漂母施粥 ”的典故也为世代淮阴人所传颂；同时，结合淮阴地区的悠远历史而引发的与“ 母性 ”相关的人文关怀也是当代社会精神文明建设之所需，由此，东方母爱公园充分利用这得天独厚的文化资源，构建淮阴独具特色的人文环境以传承地域人文精神财富。

据《史记•淮阴侯列传》记载，韩信未显达时，家境贫贱，常去熟人家吃闲饭，所以经常遭人嫌弃，然而漂母却能一连十几天都拿饭给韩信吃还不求回报，这使得韩信非常感动，遂在其功成名就之后首先想到的是要报答这位有恩于他的普通妇女。这座东方母爱公园因此而生：为了彰显和传承这份影响世代淮阴人的无私母爱情怀和高尚人格，缅怀这段动人的历史。

设计理念

1 设计定位

东方母爱公园以“ 母爱 ”为主题，紧扣“ 孕育生命成长 ”的设计理念，以曲线柔和之美为设计基础，突出母爱的包容博大情怀。同时，东方母爱公园还集休闲、健身、娱乐、游览等诸种功能于一体，是一个与城市市政规划相配套的市民文化休闲公园。

2 设计原则

2.1 生态性原则 / 东东方母爱公园的景观设计充分保留和运用了当地的自然景观，在自然景观的基础上进行合理科学的规划、设计、维护和改造，添加设置各种人工景观，在保持了生态平衡的前提下使得整体景观呈现出一种自然态的醇美。

2.2 地域性原则 / 公园景观设计充分结合淮阴地区的地域特色，除了保留与转化当地的真山真水的自然面貌之外，还充分强调了“ 母爱 ”主题的历史渊源，体现传统文化内涵，“ 寓情于景，情景交融 ”，突出其独特的地域风貌。

2.3 开放性原则 / 摆“ 母爱 ”并不局限于“ 漂母施粥 ”的典故，母爱公园集合了中西合璧的设计元素，在保持静态景观的同时也注重人的参与性和互动性，并建造以漂母为代表的中国著名母亲的雕塑群，将母爱的无私博爱置入到一种海纳百川的博大情怀之上，体现一种开放的胸襟。

2.4 功能合理性原则 / 东方母爱公园面向大众，以人为本，基础设施完备，注重人性化设计，以满足人的使用要求，在功能齐全的同时追求舒适化。

3 功能规划和细节处理

本案根据当地自然资源分布特点来规划公园的功能区域，以几何网格叠加的手法设计了树丛，草坪，广场，水景以及坐卧的空间和游戏场地，其中，大面积的绿化使公园覆盖传统型的绿地空间以供休闲观景之需；曲径通幽的路线贯穿各个雕塑景点，同时结合大面积铺装以为硬质景观的广场，形成动静皆宜、可游可览的自由空间；横穿的河流，湖水的岸栈则形成了柔软舒适的亲水空间。

3.1 轴线设计 / 公园观景点由东向西随景观轴层层展开，以滨水体验区为景观控制中心，绿地掩映中的直线与曲线道路的结合将空间自然地分离成点、线、面的交错空间层次。软质的塑胶材料与硬质的石材铺装在不同的功能分区得到了完善的统一和协调。

3.2 景观功能分区设计 / 公园的三大景观功能区分别是母爱艺术雕塑广场区，滨水体验区，母子同乐区。

（1）母爱艺术雕塑广场区

02

主入口处布置大型母爱艺术雕塑，配以“ 东方母爱公园 ”六个苍劲有力的红色大字，充分表达“ 母爱的 ”主题。同时，以水景广场作为雕塑园的背景，水景广场与雕塑形成了垂直方向的图底关系，将成为园区的特色主体景观。在水平方向上，设计师利用其坡地高差而设计了环形的叠水区，与广场中央的水景艺术喷泉区相呼应，给人一种心随水动的动态感，这种动感同时也给人一种心理暗示，有利于加快人群的流动率。

（2）滨水体验区

滨水体验园区是整个园区的景观控制中心，整个滨湖水景体现出抽象的由原有水域地貌改造而成的母子相抱造型，而设计独特的湖水岸栈则围绕整个滨水景区，创造了充足的亲水空间。

深入水域中心的绿岛恰好处于母子相抱造型中心位置，在树木掩映间形成实中有虚，虚中有实的景观意境。驳岸部分还设置了游艇码头，形成了人与自然的互动性，增加了空间的丰富性和多样性。

（3）母子同乐区

“ 母子同乐区 ”即利用原有的地形高度差而设计的浅滩式游玩戏水区，区内大面积的绿化和彩色塑胶地形则使整个景观简洁而富有趣味性，同时缓坡地形高差的设计以及绿草和软质塑胶的材质为增加了安全性和舒适性，体现出一种如母爱般的体贴入微的人文关怀，“ 母子同乐区 ”不仅负载着重要的职能，同时也为整体规划增添了浪漫纯真的迷人活力。

03

01. 处于入口水景广场中央的大型红色半球形钢构架，采用传统的中国红将母性慈爱、温暖之意转化成立体语言，成为园区内的焦点

02. 与周边绿海相融的“风叶”景观构筑物，用其撑、展、刚的形态特征，将风略过的姿态凝固在设计当中，成为风叶廊中最赋予人性化的休闲广场，并与天空、湖水、青山、绿岛、水影各成一景

03. 游艇码头与水亲密接触，泛舟于水上的人们成为景观当中另一道风景

090

项目所属 / 广西旺达房地产投资有限责任公司

完成时间 / 2009年6月

沙井大道城市公园

设计理念

1 整体规划

本项目位于沙井大道，是周边市民的一个大型配套公园的所在。项目用地呈长条形分布，而设计上要求有足够的空间、尺度以及功能设施来满足市民休闲、健身、娱乐的需求，本案以“珍珠项链式”的手法串联功能区域，使之成为一个有机整体。

项目设计从休闲式的绿化广场入手，有机统筹规划了开放式的大草坪、步道、局部水景、健身活动空间等功能区域，在保证公园功能性的同时又兼顾了整个用地的均好性。

2 功能体现

做为未来周边市民的一个重要活动场所，项目规划在营造优美的环境和怡人氛围的基础上，注重入园者心理层面的感受，融入浓厚的文化气息，以塑造符合现代居住人群需求的人文景观，向市民展现一个风景优美、功能完善、具有人文气息的公园景观。

3 因地制宜、合理布局

南宁素有“绿城”之称，这里的气候条件有利于植物的生长，所以在规划设计的同时体现公园的生态性是重中之重。

本案在保证树种的丰富性和多样性的同时，以艺术的手法处理景观构成。园区内既有整齐的树阵广场，也有自然随意的绿化组团，植物分布高低错落、婉约绵延、虚实相间，植物掩映勾画了丰富的天际线，并与硬质景观相互结合，形成优美的视觉效果和引人入胜的景观空间。

沙井大道城市公园位于广西南宁市，由一条 50 米宽南北走向的长条形沿街绿化带改造而成，项目规划占地面积 6.8 万㎡，投资 4000 万，西侧为沙井大道，东侧是商住地。沙井大道城市公园的规划设计充分发掘其地域特色和亚热带风光特色，努力打造一座具备高度可观赏性、行使平衡城市生态结构功能的综合性公园。

06

01

02

03

04

05

01. 沙井大道城市公园鸟瞰图
02. 公园主景观轴入口鸟瞰，以高低错落，曲径通幽的设计方法凸显了以城市为背景的公园氛围
03. 硬质铺装的多样性，提升了整个城市公园的质感
04 公园入口小广场，供市民聚会交流
05. 绿化组团的花样组合，又一次突出"绿城"的优势
06. 沙井大道城市公园总平面图

07

08

07. 方形静水池将不远处的大型景观文化柱引入眼帘，其简约的后现代欧式装饰语言，丰富公园的人文景观，并且将视觉不断往深处延伸

08. 利用树阵、水景、花钵等景观元素将长条形的构图空间变得精彩绝伦，并且轻易地将动静分隔开

09. 红、白相间的杆阵雕塑群，彷佛挺立的男子身躯，将辉煌刻画于雕塑的神韵之上。毫不装饰的线条元素，让设计回归简约之美

10. 不同国家的旗帜飘挂在旗杆上，象征社区海纳百川，四海皆为一家之意

11. 中国黑贴面的叠级水池，增加景观的弹性空间，让自然最大限度的回归于家园生活之中

12. 环岛处用圆形来围合空间，拾阶而上的中心花池作为广场焦点。穿插而生的水景搭配特色树池做文章，让生活与自然和谐共生

09

10

094

南昌江滨

项目所属 / 南昌市政府

完成时间 / 2008年3月

项目概况

1 地理位置

南昌市是江西省的省会，是江西省的政治、经济、文教、科技信息中心，同时还是一座历史悠久、文化积淀深厚的名城。南昌地理区域横跨东经 115° 27’ ~ 116° 35’，北纬 28° 09’ ~ 29° 11’，位于江西省中部偏北，地处赣江、抚河下游，濒临鄱阳湖。本案的“ 南昌江滨 ”即沿赣江西岸的红谷滩，其特殊的地理位置给本案的设计带来较大的难度。

2 项目特点

本案必须考虑南昌江滨所依的赣江的复杂水文情况，充分预测可能发生的各种自然灾害。赣江常水位为 18. 0 米，20 年一遇水位线为 22. 0 米，百年一遇水位为 23. 5 米的特殊的地理位置，本案在充分调研赣江的水文历史之后对项目进行充分研究，以确保能够应对各种突发情况。

3 优势体现

（1）南昌江滨依傍宽阔的赣江江面，基地视线通透，临江可望见南昌丰富的城市天际线；

（2）与南昌江滨隔江相望的滕王阁在历史上有较高的知名度，号称“ 历史名阁之首 ”；

（3）在设计中融入现代景观文化符号，打造以“ 金外滩 ”概念为主题的现代景观；

（4）公园位于临江大道边上，控规中红谷三路、四路、五路、六路都可直达至江滨，为此本项目提供畅通的交通系统。

4 劣势条件分析

（1）该基地处于防洪堤外，属堤外公园，因此景观设计的前提必须以防洪为主出发点，而这种要求势必会影响到园区的景观营造。

（2）本地块无原生形态的地貌及植被，园区造景必须运用大面积的人工造景。

（3）沿江具体地块的用途不够明确，给设计工作带来不便。

人类在历史上就惯于滨水而居，在现代城市规划中，水文环境是城市地理规划的重要考量因素。南昌是一座历史文化名城，其临水而栖的地理环境充分反映了江滨地区自传统以来的重要地位。

本案在城市规划的基础上对滨水带的景观形象进行了设计改造，以整治改造滨江生态系统为主，使其同时承载文化、休闲、娱乐等功能，以求让滨水地带给城市带来的持续的繁荣与发展。

设计理念

1 设计构思分析

本案在满足城市规划需求的基础上，充分考察了当地地貌和水文而进行分

秋水园处的圆形挑台空间，红色的造型雕塑显得尤为抢眼，但却不失平衡

段设计。

设计将维护生态平衡放在第一位，在展示现代化的南昌新中心形象的同时，引入可经营元素，试图以消费带动景观的自我维持和可持续发展，建设一条集休闲、健身、文化娱乐及消费活动诸多功能为一条的新干线，以适应市民的不同形态、不同年龄及消费层。

此外，设计以传达“ 滕王阁文化 ”为主体，赋予景观深厚的历史、文化和艺术内涵，提高城市居民的环境品味。

2 功能性分析

总长度为 7．5 公里的江滨分别以生态平衡、环境适应、形象均好为主要功能设置。

2.1 生态平衡 \ 对南昌江滨生态的整治与改造将关系到整个江滨地区的持续性发展，本案在充分分析现有的生态循环的基础上，以生态学的观念维护和该晒自然生态的平衡。

2.2 环境适应 \“ 南昌江滨 ” 北段结合延伸了原有的秋水广场，在点位和功能上秋水广场形成互补，使各区域环境达到协调一致。

2.3 形象均好 \ 南昌江滨与秋水广场共同成为南昌新区的核心形象代表，共同凸显出崭新的现代城市文化形象。

3 设计基本原则

3.1 保护与开发并重 \ 在滨水地带合理设计亲水休闲空间，在充分利用自然水体景观的同时保护了生态环境。

3.2 注重突发状况的应对 \ 滨水空间的设计首先要考虑水系统的安全，建立具备涵养水源、蓄水、防洪、净化等功能为一体的结构体系，以应对突发的洪涝旱灾。

3.3 发掘文化内涵 \ 发掘以“ 滕王阁文化 ”为代表的传统文化，结合市民文化和当代消费文化，赋予景观深厚的文化内涵。

4 系统要素分析

4.1 建筑系统 \ 本地区将成为南昌新城的中心区，因而本案注重传统建筑元素与现代建筑语言的合理配置，一方面使其具备新城相匹配的新形象，另一方面与负载传统人文精神的南昌滕王阁相映成趣，成为南昌城市景观中的一道亮丽风景。

4.2 艺术系统 \ 整个艺术系统可分为主题性雕塑、装饰性雕塑、纪念性雕塑三个艺术形式，由于江滨环境的休闲性，不适合太多的纪念性雕塑，因此主题性雕塑和装饰性雕塑为主要的形式。雕塑的组织主要以雕塑走廊和雕塑园的形式构成（如《河上花》大型浮雕走廊），同时，也不排除在特别的空间中放置特别的雕塑（如鹤汀凫渚景观中放置生态造型的仿真动物雕塑）。

艺术品以使用永久性材料为主（如石头、青铜、不锈钢等），同时还可以结合相关的功能，如雕塑化的台阶、座椅、电话亭、垃圾箱、灯以及景观性构筑物等，而建筑的外墙面也可以成为壁画的载体。

4.3 植物系统 \ 对植物系统的设计以满足三个向度的需求为旨归，即符合独特地理环境的要求、营造有利于市民观瞻的视觉效果以及传达一种“ 城市植物文化 ”。

先是符合独特地理环境的要求。滨水环境要求慎重种植根系发达的植物，以达到防洪的目的，而一些有地域特色、文化含义的树种如樟树（南昌的市树）在标高较高的地方和堤外岸线较宽的地方可以适当种植。

秋烟波洲江岸 3D 效果图

01. 舟渡沿江景观，通过在音乐广场上定期举办的音乐旋律晚会，
来让人领略千年洪都的优雅
02. 夕阳西下的南浦园，与落日余晖共享临水区的纷呈
03. 波浪曲线状防腐木观赏亭，动感而又轻盈

01

其次要营造有利于市民观瞻的视觉效果。为了满足观江景和对岸城市天际线的需要，沿岸大多数植物将主要以灌木和草本构成，樟树、枫树等经典性乔木作为点缀性树种来丰富植物的层次性变化。

最后是传达一种“城市植物文化”。城市植物文化是指一个城市发展过程中具有象征性的植物形态。其中，具备一定知名度的城市植物有四川成都的芙蓉花、福建福州的榕树、南京的梅花以及香港的紫荆花等，在这个未来的南昌城市窗口地带，有必要将南昌的市花（月季花、金边瑞香）有选择的集中在一个景园中栽培，并形成一个特别的景观区。

02

03

04,05,06,07,08,09. 南昌江滨的历史文化景观

05
06
07

102

樟树水景广场

项目所属 / 盛豪（江西）房地产开发有限公司

完成时间 / 2008年3月

“ 樟树酒都文化水景广场 ” 坐落于江西省樟树市，该项目除了要体现当地历史悠久的酒文化之外，还必须樟树市开放发展的时代特征。本案通过综合运用最具时代特色的科技手段，充分发掘景观的文化内涵，以求在树立现代型文化城市形象的同时增加人们对樟树市历史的了解。

项目概况

樟树市位于江西省中部，地处鄱阳湖平原南端，横跨赣江中游两岸，地理位置优越，水资源丰富并有深远悠长的酒文化历史。

樟树市酒都广场总占地面积约 5 4 000 平方米，广场内最宽达 11 5． 6 5 米，最窄处也达 1 0 9． 4 米。酒都文化水景广场突出体现了樟树市酒文化的历史背景，以及相关的地域文化内涵，并将成为集市民日常娱乐、休闲、餐饮诸功能为一体的综合性广场。

设计理念

1 基本理念

1.1 体现集会、观赏、休闲等综合功能。

1.2 以现代科技手段体现传统文化，以现代设计创新思维打造充满人文关怀的公共空间。

1.3 以当地特有的文化历史与自然景观相结合，充分体现寓教于乐的文化广场概念。

2 方案特点

酒都文化广场将水景作为亮点，并 “ 以水喻酒 ” 来体现酒文化的灵魂。广场以五个景观分区来体现酒文化气氛，综合运用喷泉、跌水、涌泉、文化场景雕塑、小品、景柱、大型主题雕塑、浮雕、雾喷等多种景观元素来表现酒都文化的历史传承与发展。

2.1 体现樟树市开放发展的时代主题。

2.2 反映樟树市源远流长的酒都文化历史背景。

由北向南全景鸟瞰图

2.3 秉承“以人为本”的设计理念，体现人文关怀。

2.4 以高科技手法如：水幕电影、激光镭射以及上百种灯光照明来丰富效果和渲染广场气氛，打造现代人文景观。

3 布局风格

广场总体上运用对称、和谐的布局风格，整体以南北中轴线为中心进行布局。

3.1 平面构图 / 广场由北向南，规整布局，五个水景景观依次深入，形成一个完整的中心景观轴，两侧进行对称的植物配置，使整个广场更灵活多样。

3.2 竖向地形设计 / 整个广场临水而建，根据广场地形高差，在考虑因地制宜建设广场的前提下，运用跌水的景观处理，使人在视觉上有一定的缓冲，并达到丰富层次效果。

4 表现手法

樟树市酒都文化水景广场水系统主要分为喷泉系统、跌水系统、涌泉系统、雾喷系统、跃泉系统。

4.1“喷泉系统”/ 广场的喷泉系统包括地面旱喷、音乐喷泉、雕塑喷泉、水幕喷泉等。地面旱喷主要为主题广场圆形旱喷池及儿童戏水旱喷，儿童游乐区的数个旱喷口水柱高低不同，力量适中，适合儿童戏水；雕塑喷泉主要集中在中心广场、钟楼演绎娱乐广场以及广场之外的延伸区域，每一个雕塑景观柱上由数个旱喷口同时喷射，令雕塑熠熠生辉；音乐喷泉作为水下筑卫城的必要补充，其规模也相当壮观。大量喷泉系统的运用象征了酒都文化的经久不衰与活力四射。

4.2“跌水系统”/ 广场中可分五大跌水区：跌水游戏树阵、演绎广场雕塑喷

烘染商业氛围的街区效果图

泉跌水、浮雕景墙跌水水幕、水帘步道跌水、小区主入口大型跌水水坛，各区域通过灯光照射、跌水变化、植物系统来取得有机的联系。

4.3“ 涌泉系统 ”/ 因涌泉在景观中具有很强的参与性和观赏性，所以本案在演绎广场中心大量地运用涌泉，设置了包括大型灯光涌泉舞台、各级水层、镜面水池、跌水树阵等的涌泉景观设施，最大程度地满足公众参与性原则。

4.4“ 雾喷系统 ”/ 雾喷系统是该广场的一大特色景观，雾喷系统能够制造云雾朦胧的浪漫气氛，本案将其运用在主题广场前大型门柱、休闲咖啡茶座内的雾喷小品、水幕电影、曲线坐椅、观看休闲平台等功能性区域中，为整体景观添加了浪漫的色彩。

4.5“ 跃泉系统 ”/ 跃泉有着活跃、光亮剔透的水柱，本案在地下城两侧的木栈道中设计两道跃泉水洞，让景观发散出奔放的活力和迷人的魅力。

跌水树阵手绘效果图

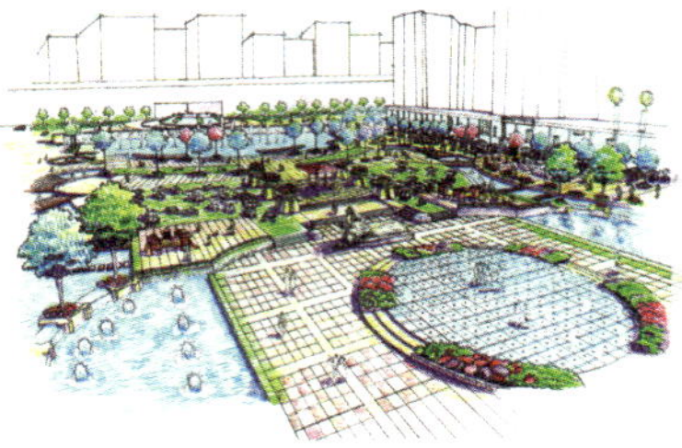

休闲亭台手绘效果图

休闲亭台手绘效果图

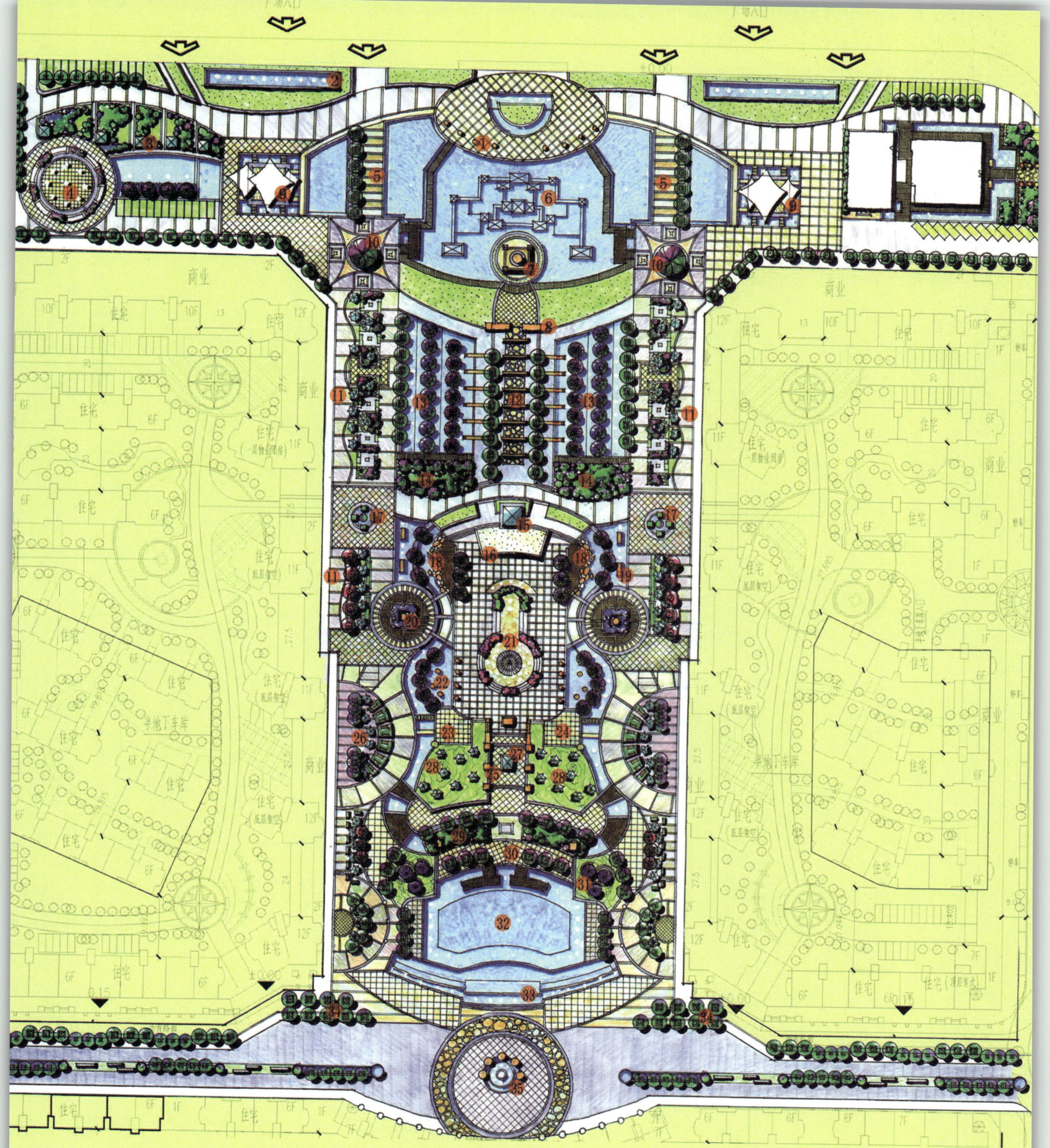

1. 特色景观灯柱
2. 大型镜面水池
3. 休闲亭台
4. 雕塑旱喷广场
5. 景观桥
6. 水下城广场
7. 酒鼎
8. 景观柱门
9. 大型广场张拉膜
10. 大型景观树池
11. 酒文化商业步行街
12. 水帘汀步
13. 跌水树阵
14. 生态植物绿洲
15. 中心钟楼
16. 多媒体活动演绎台
17. 小区出入口跌水小品
18. 水岸木平台
19. 酒文化故事雕塑
20. 纪念雕塑
21. 市民生活旱喷演绎广场
22. 酒文化喷水雕塑
23. 儿童戏水广场
24. 儿童娱乐广场
25. 景观柱
26. 步行街休息广场
27. 景观亭
28. 酒文化雾喷广场
29. 大型花坛
30. 前观看台
31. 青草景观广场
32. 水幕电影
33. 文化景墙
34. 出入口休闲树阵
35. 大型入口跌水

01

02

03

04

01. 势如虹的水景喷泉随音乐节拍的响起而舞动，为夜晚写下一幕精彩

02. 屹立在中央的钟楼，如同一位巨人，将旁边的绿色、水纹连于一体

03. 有趣的海马喷嘴小品与左边成排的树池相映成趣，在落日的余晖中欣赏景致

04. 青铜而制的“酒鼎”雕塑，呼应了以“酒都文化水景广场”为主题的精髓

福州状元岭

项目所属 / 福州市政府

完成时间 /2007年9月

项目概况

福州状元岭健身公园占地 15 亩，园内将依山建造一座两层的仿古建筑“状元阁”，供登山游客休息、娱乐，状元阁旁还设计了 3 个“龙头”雕塑，从山上引下来的泉水从龙头口中喷出，供游客直接取水饮用。

福州是一座历史文化名城，王审知治闽期间福州在经济、文化等各个社会领域上取得长足的进步，奠定了一定的文化基础，以后各个时期福州的英才辈出，唐、宋、明、清以来，福州籍进士达四千多人，其中文状元 16 人，武状元 7 人，位居全国各城市的前列，福州状元岭即为纪念这种盛况而生。

设计理念

1 基本理念

1、围绕“状元”而展开设计构想，项目中将体现成功之门、历史文化名人纪念景观等项目。

2、本案还力图体现民俗文化的元素，传递一种吉祥喜庆的民俗文化氛围。

3、结合特色餐饮、特色茗茶、特色购物项目，体现休闲文化氛围。

4、本案沿古道历史遗址而展开，设计借鉴古街的建设形式，体现了景观历史文化背景。

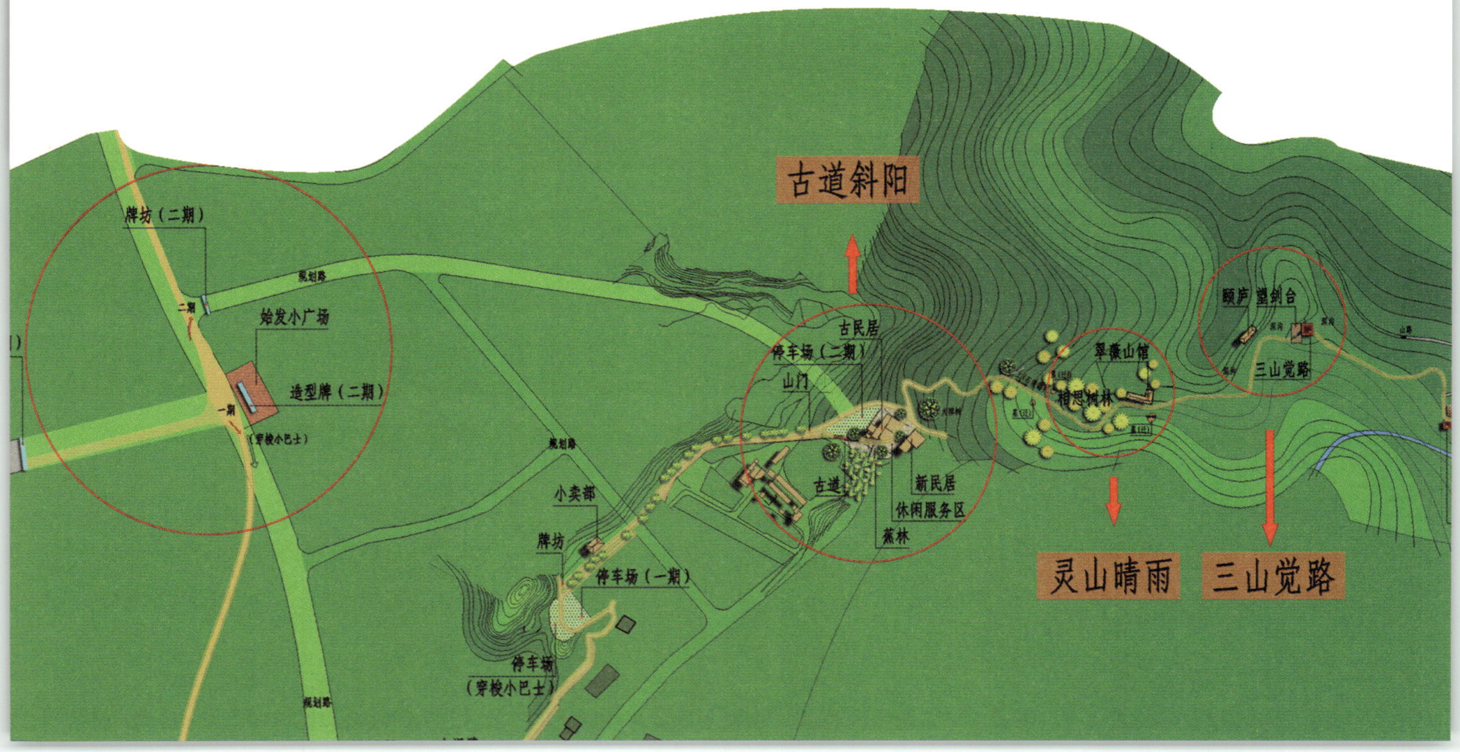

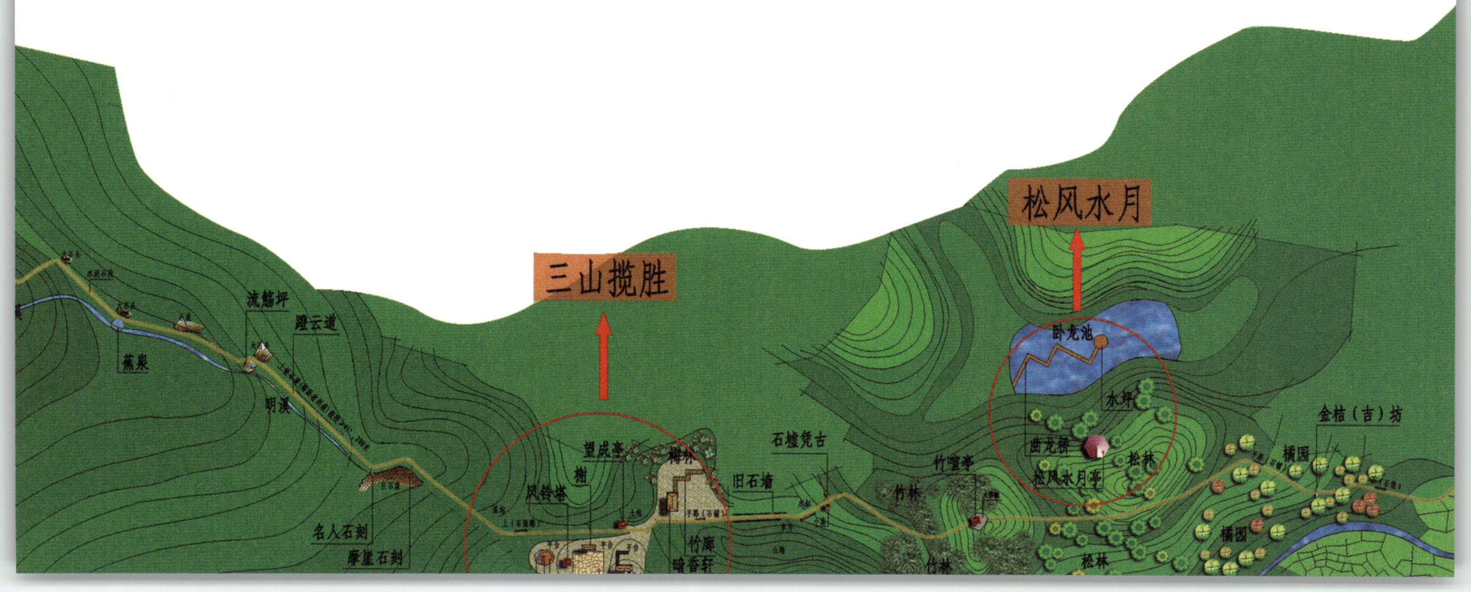
三山揽胜
松风水月
流觞坪
蹬云道
蕉泉
明溪
名人石刻
摩崖石刻
风铃塔
榭
望成亭
竹廊
暗香轩
旧石墙
石墟凭古
竹喧亭
竹林
卧龙池
水坪
曲龙桥
松风水月亭
松林
橘园
金桔（吉）坊

景观之道

LANDSCAPE

家园景观

HOME LANDSCAPE

毛文正景观设计理念与实践

万达系列项目 —（沈阳/福州/厦门/重庆）万达

项目所属 / 福州万达广场投资有限公司

完成时间 / 2010年3月

项目概况

福州借建设“海西”的发展契机而构思了新的未来城市蓝图，为顺应经济发展的需要并结合“大福州”的构思，福州的行政中心将往南台岛方向转移。在这样的城市功能区域规划下，CBD 万达广场正好处于老区与东部新区之间的核心商业地块，具备绝佳的地理优势。

1 地理位置

福州 CBD 万达广场北临鳌峰路，南接江滨大道，处于福州市中心地段。本案将打造一个集金融、购物、写字楼办公、五星酒店诸种功能为一体的高级金融商业区。

2 基地优势

优势一：万达的品牌标志便于成为标准的景观形象系统。

优势二：福州市晋安区尚存在大型商业圈空白，本案力图打造一个地标式的区域经济中心，为福州东部城市肌理增加一个重要节点，填补东部商业 CBD 的空白。

优势三：四周交通网络发达，周边高档居住区环绕，有利于形成福州的金融中心。

3 景观设计中亟待解决的问题

台风：福州位于台风多发地带，在金融街景观设施的设计中，造型简洁大方的景观设施能更好的预防台风的破坏。

暴雨：设计合理的给排水系统供有效的防洪排涝，同时雨水的收集处理还为喷雾系统提供了原材料。

高温：人造喷雾系统结合铺地及局部水景设置，通过智能化的控制达到节能、降温、除尘的功效。

设计理念

本设计旨在创造一个城市地标，形成地段核心，为城市肌理增加一个节点，

福州金融街
万达广场
万达广场

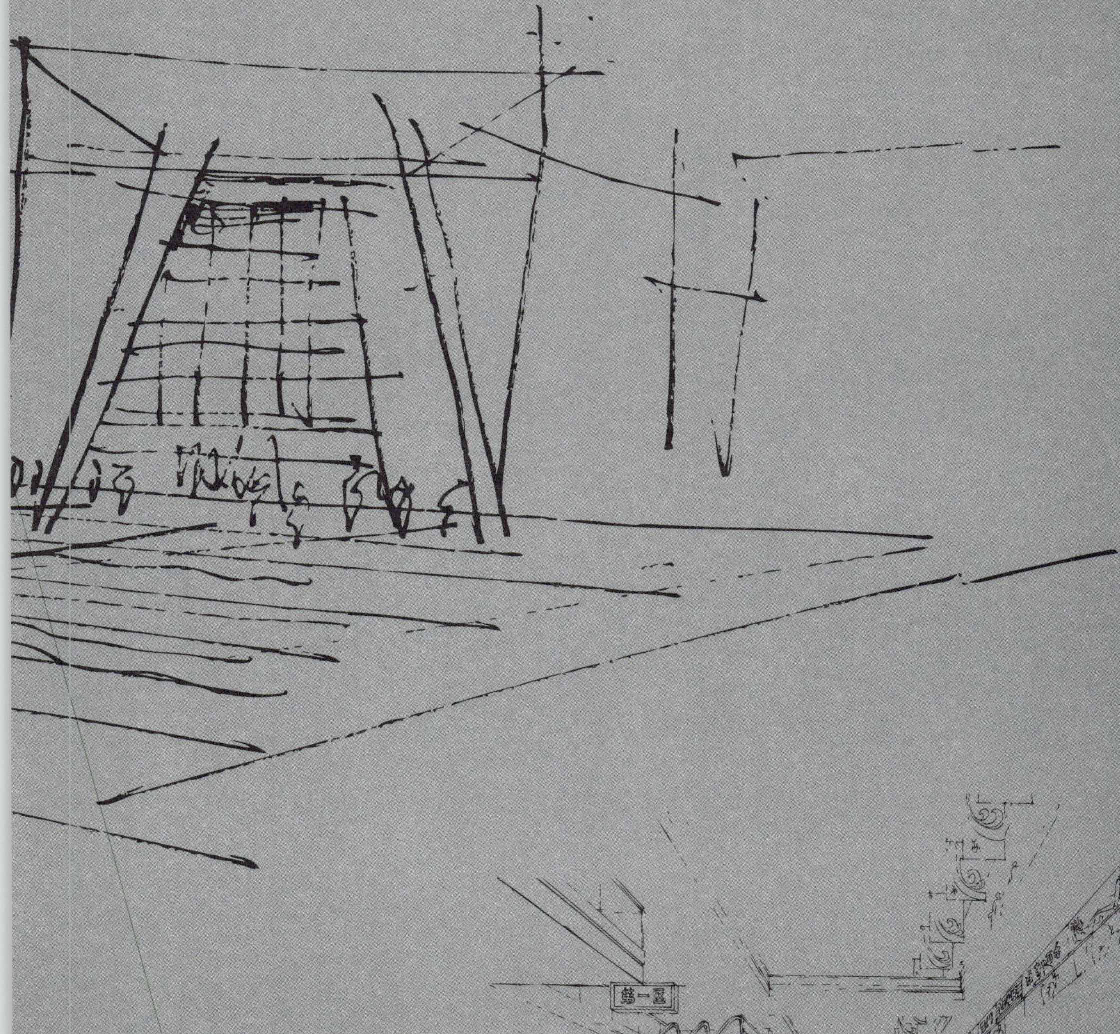

万达广场

01. 室外步行街效果图
02. 酒店入口效果图
03 商业街区外围的铺装设计与绿色调相对比，采用暖色设计，主要采用烧结砖，花岗岩等据亲切感的铺装材料
04. 整体鸟瞰图

打造“榕城金外滩”。

1、CBD万达广场是福州市晋安区的首个大型商业圈，本案力求突出广场的整体风格，运用景观视觉符号如色彩，材料，造型等覆盖在整个规划地段，在形式上追求变化中的统一，力图打造地标性的建筑。

2、本案的设计风格既体现了福州的开放、时尚、发展，又强调自然舒适的人文关怀，同时展示这座海滨城市的文化内蕴和地域特色。

3、营造商业休闲空间的渗透性与可交流性，充分运用规整的矩形空间，使多个空间既相互独立，又保持渗透性，创造人性化的商业空间景观。

4、景观设计根据其商业性的功能特点，设计形式简洁大方，在突出个性化的同时结合实际，以达到空间利用最大化，讲求经济实用性原则。

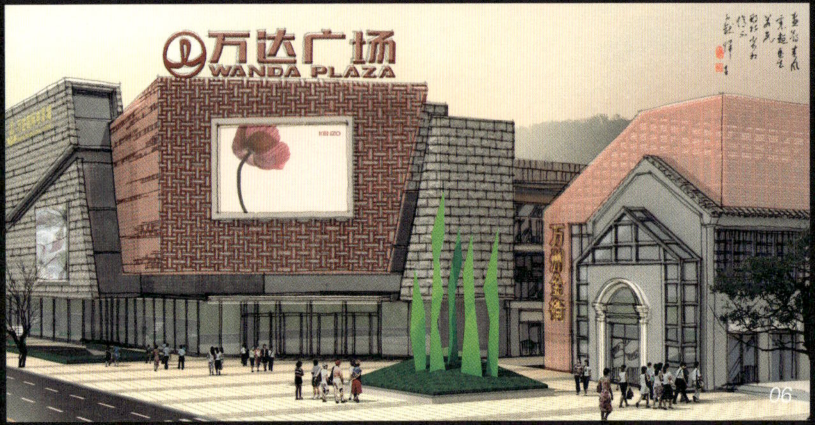

06

07

08

05. 发达的道路系统为商业广场带来方便的交流环境
06. 室外步行街入口
08. 万达广场整体鸟瞰图

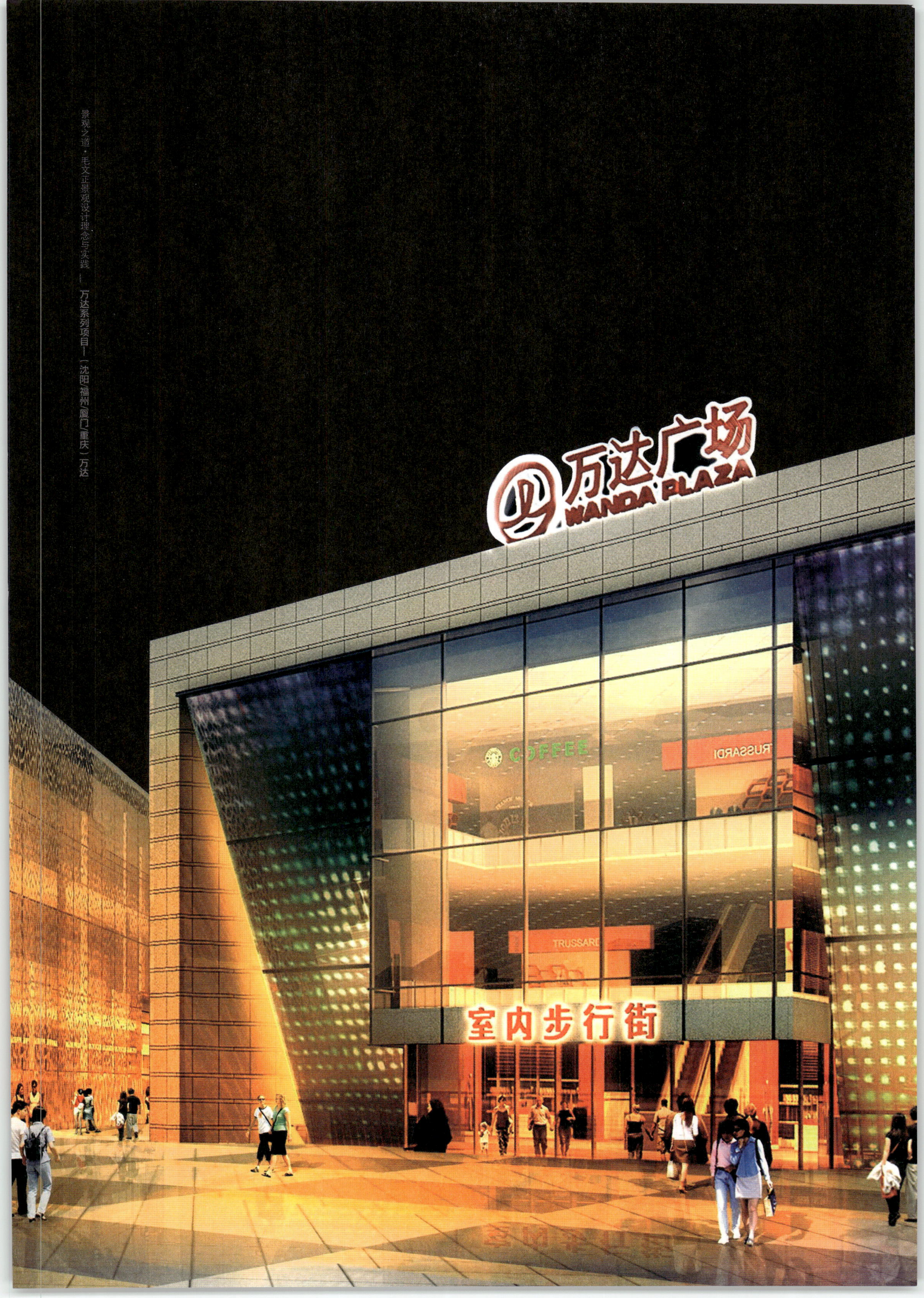
万达广场
WANDA PLAZA
COFFEE
TRUSSARDI
室内步行街

绿地项目—国际花都

项目所属 / 上海绿地集团合肥置业有限公司

完成时间 / 2005年6月

“国际花都”是绿地集团在合肥新政务区开发建造的住宅项目，其总占地 530 亩，共 70 万平方米，建筑类型为多层和小高层住宅两类，户型紧凑而时尚。项目的规划设计时尚而富有现代感，充满欧陆风情的优雅氛围，是一个设计人性合理、地理位置优越的高尚住宅社区。

项目概况

“绿地•国际花都”楼盘位于安徽省合肥市新区的中心地段，属于中低密度的高尚住宅社区开发项目。其地形条件相对平整，基地边界与商业街区相连接，基地内部地势起伏平缓，基地内核心楼区底层全部架空，地下为机动车停车场。

设计理念

1 整体规划

绿地•国际花都环境景观设计在充分剖析现有用地及规划原则的前提下，综合运用当代园林景观设计手法，紧密结合建筑风格，将西班牙的文化与艺术诸元素融入社区景观环境，使其充满时尚浪漫的异国情调。

利用场地条件并针对核心楼区底层的架空空间特点，引入“泛会所”概念，设置“茶元素”、“棋艺论道”、“乒乓健身”、“运动器械”、“台球世界”、“休闲景观”六大主题景观，提升景观的功能价值，将社区活动融入居住生活环境之中，有利于形成和谐共生的社区环境。

2 基本理念

结合场地中现有的各种自然条件而设计高品质的、简约而有亲和力的、带有艺术性的、人性化的景观。

2.1 人性化 / 在充分把握场所精神文化、人体尺度的基础上，注重考量景观形态对人的心理影响，将受众的需求融入方案，体现设计的人文关怀。

2.2 文化性 / 社区内小型广场及交汇口地坪以毕加索的《和平鸽》、《亚威农少女》等传世之作作为广场的铺装拼贴图案；景墙和公共设施以米罗的画作图案作铺贴，或以陶版画镶嵌；座椅、小品雕塑等以超现实主义绘画

1
2
3
4
5
6
7
8
9
10
11
12
13
14
15
16
17
18
19
20
21
22
23
a
b
c
d
e
f
A
B
C
D
E
F

01

大师达利画作中的梦境元素进行发散思维创作，结合红唇椅、软钟等造型元素，将设计发挥到极致，令整个环境个性鲜明、色彩统一、富有深刻文化意涵。

2.3 高品质 / 立足高层次设计标准，突出体现景观的生态效益，并运用小尺度空间设立个性化的公共设施，营造环境优雅、富于内涵的高档生活社区。

2.4 简约性 / 有意识地对规划设计的要求进行简化处理（包括形态与空间的简化），在满足功能主义的基础上提升互动场所的利用率，从而拉近人与自然、人与环境间的交流。

2.5 亲和力 / 尽可能的采用自然硬质石材或者软质植物，通过对这些材料肌理和色彩的合理搭配设计，使整个社区的景观设计更为亲和近人。

01. 大面积的小区景观满足了居民的休闲需求

02,03,04,05,06,07. 景观空间的处理提供给人们交流和参与的乐趣

08. 折线防腐木亲水平台，兼具形式美和功能美

绿地项目—卡萨公馆

项目所属 / 上海绿地集团安庆置业有限公司

完成时间 / 2010年3月

楼与楼之间的景观利用“水”将两者的空间桥接，湖面的楼盘倒影在阳光下相映成趣

项目概况

迎江世纪城位于安庆新城区，南临皖江大道、西接晴岚路，地理位置优越，是一个总占地约 5 万多平方米的高尚生活社区。其中一期 A 地块是迎江世纪城先期开发地块，以居住社区为主，整个 AB 地块南北是沿街商业空间。

迎江世纪城“卡莎公馆”是安庆新城区“新城战略”计划中的一个重要项目，也是集住宅，商业，办公，酒店等多种类型产品于一体的大型综合项目，项目将形成产业、居住、社会事业、基础设施和生态环境配套发展的联动效应。

设计理念

设计综合了新古典主义风格、自然主义风格、“意大利台地”式园林景观风格，运用现代的设计手法营造出具有高贵气质、现代感十足的景观空间氛围。并与人文环境、经济特点相结合，提倡人与环境的和谐共生。

1 因地制宜

项目利用原有地块的自然高低落差而构筑人为堆坡，为场地提供纯自然的落差感。此外，堆坡最低坡度有1．2米高，可以满足水洗池的流动状态，流泻而出的溪流和喷泉同时可以增加水的灵动性，同时还有助于水域的自洁循环。

2 水体设计

水体空间的设计尽量做到亲水性与观赏性相结合，使水边散步道亭与雕塑小品交相呼应，同时沿贯穿AB地块的小溪岸设置雾喷，增加空气负离子调节。

3 核心景观

结合特色雕塑的观水台所组成的重要景观节点区域是整个园区的景观核心，景观不仅体现绿化植被、堆坡、特色花钵等自然元素而且还融入了意大利拉丁文化符号，水景周边环绕休闲广场、长者活动区及儿童乐园活动区。

4、道路系统

主要道路系统与建筑密切配合，将各大分区通达顺畅地紧密联系在一起，在人流主要交汇处均设有较大面积的活动空间，体现了良好的疏通性和引导性。次要道路系统则不拘一格、形式多样，沿路设置别有情趣的坐凳、雕塑和小品。所有道路系统两旁均合理设置异域风情浓郁的指示牌和路灯，在充分发挥其功用性的同时亦强化着景观的主题风格。

小区出入口
变电站
2F
皖 江 大 道

02

01. 欧式观景亭主宰整个中央地带的景观，与它对应而设的是一特色景墙，它作为景亭的对景，对围合周边的生态环境起至关重要的作用

02. 以中心湖面区为整个楼盘中的焦点，沿岸而设的绿岛、景点成为连接景观的重要介质

03. 主入口处的叠级水体与精致的雕塑小品相呼应，试图营造一处露天沙龙，大面积的水体空间为整个社区带来清新的空气

04. 岗亭与入口大门连为一体，成为高端楼盘的象征对象。简欧风格的文化石饰面，从细节处品味生活

5、植物配置

植物配置参照建筑风格进行，遵循适地适树的原则并兼顾多样性和季节性，分清景观组团的主次，进行多层次、多品种搭配，组合成特色各异的群落，力求在色彩变化和空间组织上都取得良好的效果。

6、灯光照明

在夜景设计上追求安静祥和的高雅空间氛围。灯光色调以近人的暖色调为主，在重要的景观区域对构筑物进行照射，在符合人工照明原理的条件下安装喷泉动态照明，构成经管的立体水晶效果，增加景观观赏价值。

枫丹系列项目
—凯旋枫丹

项目所属 / 福州高佳房地产开发有限公司

完成时间 / 2008年6月

作为金山地王的“凯旋枫丹”楼盘地块位于金山新区闽江大道西侧、金山文体中心北侧，与闽江近在咫尺，周边生活设施配套完善，高档楼盘林立。

凯旋枫丹项目集度假酒店、高档住宅社区为一体，力图打造能够享受闽江岸畔优质生活的创

设计理念

凯旋枫丹强调以人为本的设计宗旨，表现出无微不至的人文关怀。

项目力图融入自然景观而打造出高雅幽静的景观环境，其精致的绿化组团、湛蓝的池水碧波、简约雅致的楼体设计风格，与周边建筑及自然环境协调共生，多方面体现了海滨度假酒店式高级住宅的特质。

花园会所与小区环境巧妙相融，全区设有中心游泳池、登高观景亭、康体活动中心、健身步道、儿童嬉戏天地等多元的休闲空间，打造出动静皆宜、精彩纷呈的生活空间。

01

02

03

01. 有美感的设计组合成一个独特的休闲中心，让人愉悦

02. 私宅门扉入口精巧别致

04. 景观设计突出了场地特色和植物，包括对高差的合理利用因素

04

大气庄重的欧式花钵，简约，高雅的景观廊架以及散落水中的音乐喷泉，处处营造出小区的小中见大，步移景异的视觉效果。

优雅精致的中心游泳池，结合水体设置方正型的休闲交流场地，形成一个围合的室外空间，为居民提供休闲娱乐场所

景观设计突出了场地特色和植物，包括对高差的合理利用因素

枫丹项目—香颂枫丹

项目所属 / 福州市博美诗邦房地产开发有限公司

完成时间 / 2009年3月

01

设计理念

本案配合楼盘中简洁高雅的新古典主义风格建筑，结合自然生态的主题，打造具备“ 欧洲生态景观 ”的现代高尚社区。

本案关注平面的构图及功能的分区，社区景观构成由一条南北走向的景观轴线向东西两侧辐射，将不同标高、不同功能的区域有机的联系在一起。同时本案还注重于立体层次的分布，运用滨水景观、下沉式广场、植物配置等等手段进行空间转换，丰富了视觉感域。

本案注重小区建筑与自然景观的结合，使整体围合的景观空间成为小区的后花园，并将高高立起的中心景观亭为区内的至高点，与湖水廊道、绿荫小径以及小区内环境形成统一互补的关系。此外本案还采用保持自然生态平衡的原则设计核心景观带，种植不同层次、不同形式的花草树木，形成可观、可游、可憩的大型中心自然生态花园，实现了人与自然的和谐。

香颂枫丹项目位于福州市白马南路西侧，占地65.5 亩，总建筑面积近 13 万㎡，其紧邻宝龙城市广场和万象城这两大城市 SHOPPINGMALL，并且共享了白马路 2400 米的城市绿化带，周边基础设施配套完善且成熟，楼盘还拥有约80 米南北超宽楼间距，是带新古典主义设计风格高层围合建筑。

01. 从下沉广场仰视可看到入口大门和装饰性廊架

02. 滨水植物与水景的天然结合，包含无限的自然情趣

03. 装饰小区的抽象人物铜雕与小区景观元素呼应

04. 入口大门的廊架具有装饰效果

03

04

06

05. 滨水台阶设计，无不渗透着设计者的巧妙构思
06. 星星花朵点缀于环形植物花架上，使置身于其中的人们的身心清爽惬意
07. 设于小区内的廊架，构成了小区空间中美好的景观艺术效果
08. 亲水平台作为人们放松身心的场地，其氛围的轻松愉悦最关键
09. 本土植物和草地点缀汀步，是个放松的好去处
10. 观光塔楼立于小区景观中，将景色一览于眼中

08

10

142

枫丹系列项目

—枫丹白鹭

项目所属 / 福州高佳房地产开发有限公司

完成时间 / 2009年8月

设计理念

整个社区规划体现人性化的设计理念：通过一横一纵的两条商业主轴和景观主轴将社区有机划分为 3 个相对独立的区域空间，同时以人车分流的设计提高道路的安全系数，并通过次一级的人行道路系统连接楼体间，设置充满层次感的虚围合、半开敞的空间，有效地实现了步移景换的景观效果。

设计注重体现福州的地域特色，园内设置天然水井与百年榕树，体现老福州的景观风貌，同时打造一个集和谐生态系统、开阔公共空间、醇厚人文景观于一体的高品位社区。

“枫丹白鹭”项目位于五四北中央生活区，与五四路商务核心区仅 3.8 公里的路程。社区总占地面积 200 亩左右，总建筑面积 21.41 万平方米，建筑密度 22.3%。“枫丹白鹭”项目将打造是福州少有的大型住宅社区，集会所、幼儿园、小学、商业花街、游泳池、综合型运动场、篮球场、羽毛球场等完善的社区配套设施于一体，给社区生活带来充分的自由空间。该项目同时将打造唯美的居家景观体系，使得项目“尽善尽美”。

02

03

01. 高大的棕榈树阵休息设施兼具艺术和功能性需要
02. 缩小了小区道路宽度，增加植栽和水景，营造出宁静氛围
03. 小区主景采用中轴线设计，植栽和凉亭一直延伸至叠水深处，形成步间断的连贯景色

04. 至高点跌水，其在形式和材料上更加丰富多变

05. 至高点欧式亭大气稳重，此处具有良好的观景效果

06. 至高点下俯瞰中轴线景观，层次和艺术美感尽在眼中

07. 小区一角增加了必要的游乐设施，满足了功能需要

08. 欧式风格，恢宏大气

项目所属 / 泰禾（福建）集团有限公司

完成时间 / 2009年6月

泰禾系列项目

—红峪/红树林

泰禾 · 红树林是嘉禾集团在福州的顶级豪宅项目，该项目的景观设计承袭岭南园林流派的手法，高密度植栽搭配，创造出层次渐变丰富、空间变化迭出的景观，而景观中设置的完整的四级道路系统不仅为社区的居民提供了方便，也保证了居民的安全性以及私密空间的安静性。

泰禾 · 红峪集别墅、多层洋房、高层等建筑形态于一体，占地 323 亩，其中建筑用地 73 亩，园林造景 250 亩，大面积的园林造景使其具有更舒适宜人的居住环境，其造园手法在承袭岭南园林流派的同时更显大气，舒展的气度。

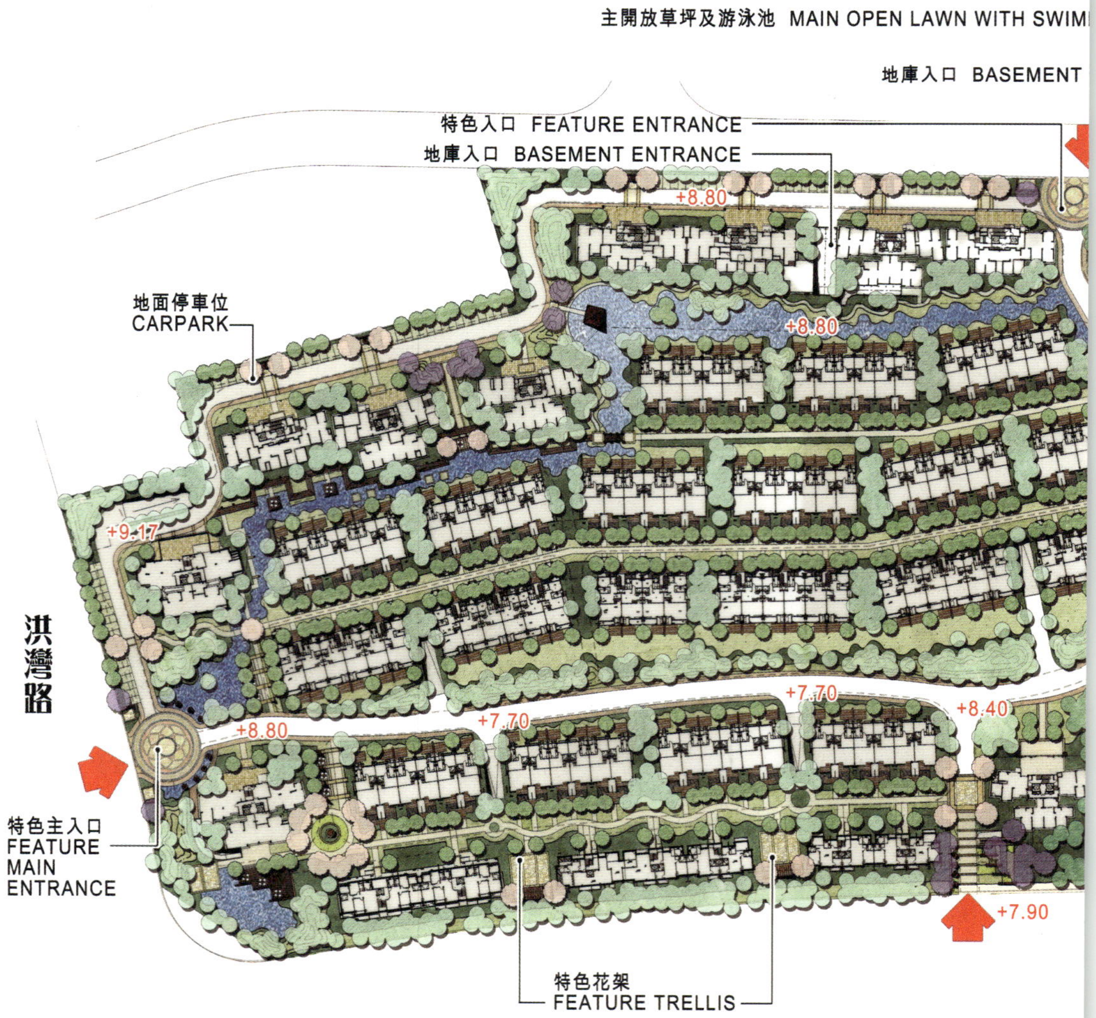

地庫入口
BASEMENT ENTRANCE
+9.17
人行入口
PEDESTRIAN
ENTRANCE
+9.00
色入口 FEATURE ENTRANCE
+7.90
+9.00
入口 BASEMENT ENTRANCE
+7.70
建新大道
+7.27
+9.00
+8.80
消防路線
EVA ROUTE
+9.17
+9.00
+7.70
+8.50
+7.012
+9.00
+9.00
浦上路
單車入口 CYCLE ENTRANCE
SCALE 1:750

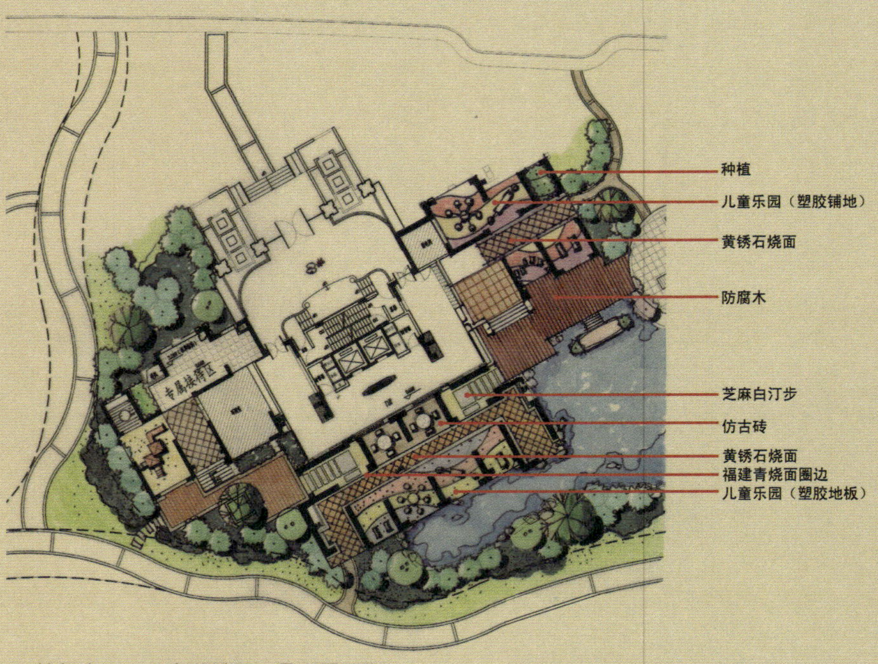

8#楼架空层（儿童游乐区）景观平面图

B-B断面图

01

02

03

04

01. 流动的小瀑布与静态的景观湖相交流，并点缀以不规则步石，形成高低错落的独特视觉效果

02. 多样化的绿林掩映着建筑，表达了岭南园林的朦胧美，漫步汀步之上，使观客体会身在诗意的境界中

03. 遵循尊重自然的原则，本住宅区较多的采用了自然式种植，突出小区的生机

07

08

05,06. 根据岭南园林的手法，创造出的休闲坐凳与遮阳伞，颜色搭配恰到好处，与周围景观融为一体，亮丽而不跳跃

07. 入口景墙采用跌水式处理，不同材质色调对比，展示了这个简约，精致，高档的住宅区

08. 本地树种的大面积搭配，突出地域特色，与景观跌水的结合，有种身临小桥流水人家的美感

中天金海岸

项目所属 / 福建天泽房地产开发有限公司

完成时间 / 2007年6月

中天金海岸社区最大的特点是位于城市的边缘，在这里生活既能体会到城市的物质生活，又可以享受幽静和舒适。根据此地理特点，我们设计的目标是创造舒适生活，并为都市人创造走进自然的体验。

设计理念

中天金海岸项目位于金山公园板块，总面积为 636 亩，一面与占地 630 亩的金山生态公园紧密相连，另一面毗邻乌龙江畔全省最大的湿地公园，近两千米的花溪纵贯南北。

项目包含 20000 多平方米社区商业步行街和庞大的社区体育公园，社区内叠拼、联排别墅皆拥有室前庭院、空中庭园、露台庭园、室内庭园、室后庭院五重院景，是福州前所未有的大型生态型综合功能社区。

设计理念

中天金海岸社区位于城市的边缘，在这里既能体会到城市丰富便捷的物质生活，又可以享受远离尘嚣的幽静和舒适。据此地理特点，我们设计的目标是为都市人创造一个“ 走进自然中享受都市生活 ”的社区空间。设计主要侧重以下几个方面：

1 人车分流，功能完善

在社区中设置步行路与车行路两个各自独立的路网系统，人车分行。车行路分级明确，围绕社区外围并枝状延伸进各住户院落；步行路贯穿社区内部各主要功能区，串联了绿地、公共服务设施以及各住宅院落或住宅院落的正面入口。

人车分离的道路系统使小区真正成为居民散步、休息、交流和玩耍的场所，无论是在早晨或是黄昏时刻，在树荫底下宽敞的步道、舒适的休息区、宜人的小品之中自由徜徉将带给小区居民无限的欢乐。

水体将大空间分割，化大为小，又将小空间串通迂回，小中见大

01,02,03,04. 景观小品的独特设计，以及各式铺装的配合，简单而又大方
05. 平整的水体映射出建筑的倒影，有使空间显大的视觉效果
06. 平整的水体如镜面掩映着周边景观

01

02

03

04

2 精心规划，植物与功能区呼应

在主入口景观区以及古典商业街区设置规整的树阵，采用冠幅较大枝干整齐的树形并配以整齐的灌木，形成有序的绿化空间。在其他绿化区采用自然式种植，以多样化的组合形式组织丰富的适地植物种类，形成疏密有致、层次丰富的绿化空间。

3、水与岩石空间配合

水是一切生物赖以生存的物质，是联系人类与大自然的纽带，对水元素的设计是景观设计中一个不可缺失的环节。

本案通过分析功能分区和景观特点，并充分考虑人的行为特征，在各个景观小品的设计中都用到了水元素，并在其间结合石头等其他材质，创造了富于变化的亲水的景观，以求景观小品中的柔和水声给居民带来祥和宁静。

区内的景观材料的选取以就地取材为主，以福建丰富的花岗岩为主要材质，达到自然环保的同时也融汇了当地的文化元素。木材的运用只局限于亲水平台，同时做好防湿的特殊处理。

06

05

07. 树种采用乔木灌木，落叶与常绿相结合，满足不同时间和空间的观赏需求

08. 小面积的湖面上设置滨水散步道和亲水平台，行走其间，身心俱暖

09. 色彩对比强烈的亲水平台，在给人们提供进水空间的同时不忘提醒人们注意安全

160

中城名仕汇

项目所属 / 福州中联房地产开发有限公司

完成时间 / 2006年8月

01. 以优雅精致的水景作为点缀，赋予空间无限情趣

02. 山间瀑布，强烈的凸显了人们渴望回归自然的心态

03. 小区入口典雅别致的水景小品，加入仿自然地地灯设计

中城名仕汇总建筑面积 120492 ㎡，占地面积 36595 ㎡，绿化率超过 40%。其地理位置优越，周围交通便利、商圈密集，是福州传统以来集生活、休闲、购物、娱乐于一体的生活中心所在。本案有机地综合了古典与现代的设计元素，营造出一个高雅而富有传统文化内涵的现代社区。

04

164

05

06

07

05. 融进自然，怡然自得

06,07. 不管是水中碎石还是路边景观石，都以自然式摆放方式，使得空间更自由，放松

08. 湖心岛景观亭，水环绕亲水平台，阴凉清爽，犹如置身野外，亲近自然

09. 低错落，层次分明的硬质铺装，结合地势和坡向，最大限度的营造自然氛围

08

09

10

166

信达好地坊

项目所属 / 合肥庐州房地产开发有限公司

完成时间 / 2009年6月

项目概况

信达•好第坊位于合肥市南二环（东流路）与徽州大道交汇处以东 500 米，南靠东流路，北临望湖城，系滨湖新城的首站。作为“ 信达房产 ”在滨湖新区开发的第一个楼盘，楼盘的定位是成为“ 合肥市南二环边最适合人居的低密度、高绿化率的现代化社区 ”。

信达•好第坊由安徽老牌国有地产公司“ 安徽信达房产 ”斥巨资鼎力打造，该项目住宅小区用地面积 27403.57m²，拟建工程建筑面积约 86300m²。其中高层住宅约 49000m²，高层公寓约 16000m²，多层商业用房约 4700m²，地下车库约 12600m²，人防地下车库约 4000m²，建筑密度 14.8％。该项目将成为滨湖新区最前沿、最具潜力、最具品质的标志性楼盘。

设计理念

1 规划构思

1.1 以景观分区——景观组团——宅间院落为控制轴，交替变换空间的大和小，总和分，横和纵等多种向度，体现出丰富多元的空间感。

1.2 意象表达：步移景换，即景抒情。运用框景、对景、借景、衬景等古典园林的造景手法，结合现代设计元素，营造静谧，温馨的氛围。

1.3 通过合理的规划设计，秉承水木相称的造景原则，营造建筑的低调、淡雅之感。

1.4 对外封闭，对内开放，植入泛会所的设计方式，以天然材料围合，使景园内部空间自然舒适，促进居民之间的交流。

2 设计目标

着重强调居住环境的“ 均好性、舒适性 ”，提高住宅小区的景观品质。

2.1 本案力求项目的实用性，以简洁的设计手法对道路系统进行人性化规划，倾力构建一个完整的、系统的、识别性强的交通系统，并赋予项目完备的实用功能，尽可能满足广大居民的使用要求。

2.2 本案同时力求一个构建稳定有序的生态系统，项目对构成生态平衡的绿

化以及水系统做了细致规划，以保持生态平衡为基础，以朴实、愉悦的硬质景观与阳光、树林、溪流等自然景致相结合，营造一处庄重大气、高雅幽静的居住空间。

2.3 本案还努力迎合大众化的审美取向，倾力于打造朴实而不单调，独特而不张扬的舒适型现代自然园林精品社区，满足大众行为心理和审美取向。

3 主要理念

3.1 高品质 / 设计标准要求层次高，突出体现楼盘“ 好第坊 ”的品牌内涵，以“ 低调、新奢华 ”的现代风格，打造具有中产阶级气息的静谧优雅、和谐有趣的高档社区。

3.2 人性化 /“ 以人为本 ”的自然式设计原则隐含了理想主义的意味，而该项目却将“ 以人为本 ”的理想化原则落实到实际环节，其运用自然式景观建筑手法，结合居民的需要，充分考虑居民的安全性，构建一个充满人性关怀的社区环境。

3.3 简约性 / 将追求简约的现代居住空间语言引入到园区内、外交通系统的设计中，让交通流线归于简洁、清晰，并且在满足社区居民活动与交流功能要求的基础上对景观进行形式与空间上的简化。

3.4 适用性 / 讲究景观的功能性特点，在道路设计、景观设置及植被植栽上坚持经济适用性原则，并充分考虑设计的实用性。

3.5 可持续性 / 在设计中注重景观材料与植被的可持续发展空间，思考如何降低后期维护成本，确保景观的环保、可长期使用性。

3.6 集约型 / 本案在充分保护与利用自然资源、努力改善环境质量的同时，强调用地的使用与经营上的集约性，创造出便于沟通、资源共享、环保舒适、和谐开放的休闲环境。

168

日韵东方

项目所属 / 福建福一房地产开发有限公司

完成时间 / 2009年6月

“日韵东方”楼盘项目以打造长乐房地产楼盘项目中的“第一景观豪宅”为目标，在规划中合理利用地形高差形成立体交通系统和停车系统，构成一个富有新意的高品位整体式居住小区，符合长乐作为滨海之地、华侨之乡的创新精神与前卫眼界。

项目概况

长乐“日韵东方”楼盘地处福州地区长乐市南山公园附近的南山东侧、吴航中学规划路南侧。项目紧邻学校、公园等功能性区域，拥有良好的人文环境，总占面积约 66610m²，总建筑面积 79800m²，绿地面积 24650m²，规划布局合理，整体项目能彰显出较高的生活品味。

设计理念

1 设计目标

“日韵东方”是一个将融入人文主义思想的新古典主义建筑，可以称得上是长乐城市建设中具备多元化、现代化风格的代表作之一。项目的景观规划设计以反映出其独特的地域文化与高贵的楼群特色为旨归，让历史、文化、自然在景观中得到共鸣，形成一个充分体现人文关怀的现代居住空间。

2 要素分析

2.1 功能分析 / 主入口区域的设计除了赋予其迎宾的功能之外，同时强调一种开放的胸襟、博大的气派以及宾至如归的亲切感。立体交通系统和停车系统合理利用地形高差，从而增加土地的使用附加值，使土地价值得到最大限度的利用。前花园与后花园设计的构景风格一致，整体装饰上强调精致的线条美与细节的雕饰感，构成项目的景观核心区。

2.2 特点分析 / 项目处于市中心唯一的半山观景区域，本案充分这个得天独厚的自然环境，将山地景观的特色表达得淋漓尽致。

山地景观设计最大的难点便是处理由高差的错落而形成的景观呼应关系，这种关系处理得当便会出现层次感极为丰富的视觉景观效果，否则则会显得杂乱无章。本案对当地的山地景观进行深入而充分的剖析，将山地景观转化为居住空间中的一道亮丽风景，使其绽放出无与伦比的独特魅力。

2.3 经济分析 / 山地建筑之土方搬运花费及竖向工程造价较高，如果操作不好则会造成施工成本的大幅提高。本案要解决的问题是如何使土方就地消化掉，从而减少对外运输量，并利用堆坡来缓解土地流失问题。

2.4 环境分析 / 景景观设计上注重环境的整体均好性。高层区、别墅区、以及别墅中的楼王区，它们与联排别墅区之间的景观、小品设施衔接，着力体现出贵族豪宅风范，并与水景、自然共融。绿化方面则借鉴法国皇家园林风格，利用规整的几何造型来塑造多种空间效果，传递出高贵优雅的皇家气质。此外，本案还将各式古典花钵点缀于园中，钵中种植的各种鲜花使得家园环境如花园般优雅美丽。

3 主要理念

日韵东方以充满贵族气质的法国皇家园林风范为主题，整体上突出新古典主义，生态和谐的景观特点。

3.1 和谐统一 / 项目规划设计了统一的景观控制线，凸显整齐协调、庄重高雅的豪宅风格。

3.2 加强和提高 / 在原有山势及自然环境的基础上，通过设计创造出独具风情的半山景观豪宅，加强和提高了原有的山地景观特征。

3.3 软质景观设计 / 为本案有机结合了自然景观与人工景观，以斜对角对称的方式处理整体植物配置。平面景观以大量不规则的几何线条划分，配以看似随意而又规整的草地，并种植多种色彩丰富的亚热带植物；立面景观则随地形起伏，植物造型构成独特的韵律。

3.4 高品质的住区特色 / 在景观中融入多种色彩，使用透光的彩色物料装饰硬质景观，形成色彩和材料均衡统一的高品质的住宅特色。

景观总平景点
1 主入口形象铭石
2 保安岗亭
3 特色喷泉
4 拾韵旋音
5 地下车库入口
6 特色铺地广场
7 喷泉跌水
8 雅士广场
9 七彩花园
10 露天休闲区
11 白鹭池
12 玫瑰亭
13 爱丽舍廊架
14 石景叠水
15 按摩池
16 成人泳池
17 儿童泳池
18 紫藤廊架
19 入户休闲道
20 特色小广场
21 健康步道（消防道）
22 流水瀑布
23 登山休闲道
24 交通环岛
25 休闲漫步道
26 休息区
27 羽毛球场
28 芬芳园
29 长者休闲区
30 儿童乐园
31 隐形消防通道
32 人行步道
33 玉女喷泉广场
34 哲人登山道
35 休息平台
36 凉亭亲水广场
37 亲水池
38 水景园
39 景观水渠
40 榕树小广场
41 生态溪
42 观景平台
43 特色铺地
44 许愿池
45 回车场

YUN DONG FANG

172

筑家系列项目

项目所属／福州筑家房地产开发有限公司

完成时间／在建

筑家系列项目的景观设计坚持自然健康的设计理念，充分体现人与自然的和谐共生关系。

项目结合周边自然景观以及社区独有的地形特点（包括地势落差和缓坡等），在设计和建筑中融人中国江南庭院的古典元素，参照江南院落式布局，因地制宜，构筑出独具特色的私家庭院。

项目中的花园以中央景观大道和中央水系为主轴，将不同风格的景观要素有机地统一起来。社区还配置一个室外游泳池和一个幼儿园，极大地提高居住者的生活品质。

01. 居民在中式凉亭中呼吸新鲜空气并作休憩、漫步

02. 在通往小区的行人入口处，色彩缤纷的花园向小区建筑内部过渡

03. 粗犷的岩石被细心研究并配置植物摆放在小区景观中的显著位置

04. 在小区住宅的衬托下，中式凉亭和滨水景观显得精致典雅

04

LAND SCAPE

Vtimdunkun 个人荣誉

01、荣获国庆六十周年“我与祖国共奋进活动”创新成就奖、组织工作奖，毛文正荣获突出贡献奖；

02、荣获国庆六十周年福建晋京游行彩车一等奖（省政府组织）；

03、“八闽之光——2010上海世博会福建展馆设计”荣获福建省首届美术院校（系）教师优秀作品联展一等奖；

04、荣获2001年全国第三届室内设计大展二等奖

05、2010年上海世博会福建馆展示设计方案在由省政府组织的竞标活动中入选前三名；

06、世贸“茶亭公园”景观设计作品荣获福建省首届艺术设计大展优秀奖；

07、福建工程学院景观设计作品荣获福建首届艺术设计大展铜奖；

08、安徽合肥绿地国际花都景观项目获合肥市最高环境设计奖“广玉兰杯”；

09、“西山银杏”景观设计作品入选福建省首届艺术设计大展；

10、“红郡景观设计”景观设计作品入选福建省首届艺术设计大展；

11、“上河城山地别墅景观”荣获“为中国而设计”第二届全国环境艺术设计大展专业组最佳手绘表现奖、优秀作品奖；（2006.5）

12、福建师范大学新校区景观设计作品荣获“为中国而设计”首届全国环境艺术设计大展优秀奖。（2004.6）

13、“江西樟树水景文化广场”荣获“为中国而设计”第二届全国环境艺术设计大展专业组入选作品奖；

14、三明阳光嘉园景观设计作品荣获第一届福建省室内与环境设计大奖赛方案类优秀奖（2005.12）

15、江西红谷滩新区临江景观设计作品荣获第一届福建省室内与环境设计大奖赛方案类三等奖（2005.12）

16、长乐郑和行旅园景观设计作品荣获第一届福建省室内与环境设计大奖赛方案类优秀奖（2005.12）

17、世纪蓝景城景观设计作品荣获第一届福建省室内与环境设计大奖赛方案类优秀奖（2005.12）

18、“西藏林芝博物馆”作品荣获第一届海峡两岸三地室内设计大奖评委会公共建筑室内工程案例作品三等奖。

19、福州高佳苑一、二期景观工程作品荣获2006年“箭牌杯”海峡两岸上四地室内设计大奖赛F类景观奖。（2006.8）

20、江西南昌红谷滩景观设计作品荣获“安润福杯”第一届海峡两岸三地室内设计大奖赛评委会景观类荣誉奖。（2004.6）

21、福大新校区景观工程作品荣获“安润福杯”第一届海峡两岸室内设计大奖赛景观类荣誉奖。（2004.6）

22、建国五十周年成就展福建馆创意策划方案竞赛中荣获一等奖（1999.3）

23、荣获中华人民共和国成立五十周年福建省进京游行彩车最佳设计奖。（1999）

24、毛文正荣获“全国有成就资深室内建筑师”（2004.12）

25、“金山佳园”景观设计作品荣获第一届福建省室内与环境设计大奖赛工程类优秀奖。

Preface 后记

“道”是存在之外而又必须依傍存在的一个所在，“道”无以言之，何况“道”也应当会随时代社会之发展而不断延伸，景观设计之“道”就是如此。

或许可以借用罗曼·雅各布森（Roman Jakobson）的著名的“隐喻”与“转喻”的二元对立概念来形容本书涉及的景观设计之“道”。

景观先是作为一个生发于原有地貌空间之上“隐喻”，这个“隐喻”涉及到人文精神的浓缩、时代社会的新变化以及由进步科技引导的新的审美趣味，在现代景观设计中，“隐喻”亦即意味着营造一个影响观众心理转变的功能景观。

其次是“转喻”，景观设计从来都不能脱离原有的人文地貌，其不刻意追求奢华的材料而注重地域特色及材料的肌理变化，在原有地形、人文条件下进行的有序而又稳定的景观转化，对此应谓之以“转喻”。

值得强调的是，在语言学中“隐喻”与“转喻”二者分别代表语言应用的两种功能方向，二者之间并不相容，而景观设计中，上文以“隐喻”与“转喻”所形容的动作却是浑然一体，并不相冲突。

本书选取了近年本人主持的设计实践项目中的一部分，项目的成功与背后的一支实力雄厚的设计团队的努力是分不开的，就此向参与设计、制作的设计师表示真诚感谢。

此外，本书对于在读的高校学生及专业设计师具有较强的参考价值。

毛文正